アナログとデジタルの違いがわかる本

JR1XEV
吉本 猛夫 著

HTS HAM TECHNICAL SERIES

はじめに

本書は「デジタルvsアナログ」について議論するものです．

デジタルの代表格CDプレーヤーが登場して30年以上経ちましたが，そんな古い歴史をもつデジタルを，なんで今取り上げるのかをはじめに説明します．

筆者は趣味も仕事も電子技術系でしたから，アナログとデジタルの違いぐらいは分かっているつもりでしたが，初級ハム（アマチュア無線家）のおじさんからどう違うのかをしつこく質問され，ハムならそのくらいのこと知っているだろ，と言いつつ説明にかかったら，そんなに簡単でないことを実感し，より分かりやすい説明を展開してみようと思ったのがきっかけです．

「デジタルとアナログとはどう違うの？」という疑問はデジタル製品が出始めたころからあり，人によって理解できていたり，理解したつもりでいたり，疑問を引きずったまま今日に至ったり，さまざまなようです．

そしていまだに筆者のもとに，おじさんや中学生らから，「デジタルとアナログの違いを教えてほしい」というリクエストが届いています．

これらのリクエストに応えるために，できる限り実際のデジタル機器に踏み込んで，アナログとの違いを紹介するよう心掛けることにしました．これが本書執筆の意図です．

次にどんな人に読んでいただきたいか希望を述べます．

本書の出版社はご存じCQ出版社で，エレクトロニクスやアマチュア無線系の読者（ハム）向けに技術やさまざまな話題を提供する会社ですから，ハムのビギナーはもちろん，アナログ時代を生き抜いたベテランの先輩ハム（OM）にも読んでいただきたいと思います．

ちなみに，店頭にあるCQ ham radio（アマチュア無線の専門誌）の広告ページに，ナ，ナント100万円を超す「デジタルの権化（ごんげ）」のような無線機が掲載されているのを見てドギモを抜かれたものです．そんな時代なのです．無関心ではいられません．

そして，ハムにこだわらず，一般の中・高生にも読んでいただきたいと心から願っています．このテーマは文系・理系を問わず，社会の常識でもあるのです．

次にこの本の読み進め方についてひとこと触れておきます．

この「まえがき」を含め，第3章までは「イントロ」部で，「デジタルvsアナログ」を議論するにあたっての基本的なことを述べたものです．

続く第4章から先は重要なデジタル機器をまな板にのせ，それらの原理や特徴を展開します．ここでは全ての章を読む必要はありません．各章は独立していますから気が向いたところだけを気軽に読んでいただければ結構です．

そうはいっても何章かは読んでくださいね．

最後の章は全体の「総括」部です．なぜデジタル化するのか，デジタル化の問題点などを扱い，締めくくります．

JR1XEV 吉本 孟夫　2017年8月

CONTENTS

CONTENTS

アナログとデジタルの扉を開く

本章では身の回りにある機器や装置を，アナログ機器と呼べるかデジタル機器と呼べるか，について大まかな問題点や注意点を知ることができます．

ちょっと辞書をのぞいてみましょう

アナログとは何か，デジタルとは何かと質問されたとき，短く即座に答えるのはとても難しいことです．手始めに辞書を引いてみましょう．

デジタル機器がまだ普及してない頃のコンサイス英和辞典を開きました．

「analogue」とか「analogy」で，類似したものとか相似物という訳語が出ました．

「digit」や「digital」は，手足の指とかアラビア数字が出てきました．

両者ともなんとなく現在のアナログやデジタルの雰囲気は感じられますが，今日ほど陽の当たる言葉になる予兆は感じられません．

同じく昭和40年代の日本語辞書の権威，広辞苑を開いてみました．

「アナロジー」で，類推とか類似が出てきたのでコンサイスと似たり寄ったりですが，「アナログ計算機」もありました．数値を連続的な物理量に変換して計算する計算機の意味だとありました．

「デジタル」で調べると「ディジタル計算機」のみが出てきました．情報を全て数で表して処理する計算機と解説されています．

数値を連続的な物理量に変換するとか，情報を全て数で表して処理するという表現は，まさに現在のアナログやデジタルを端的に表現しているものです．

現在のアナログやデジタルを的確に表現している辞書はないものかと，書店であれこれ読み分けてみたら，コンサイスのカタカナ語辞典（三省堂，2014）に行き当たりました．これを開いてみた結果が以下のとおりです．

アナログ［analog（相似物）］は，数量を連続的に変化する物理量で表示する方法の総称とあり，デジタル［digital（指の）］は，数量を1，2，3，と数値を用いて表示する方式とありました．

エレクトロニクス用語事典（オーム社）を開いてみました．

アナログ量（analog value）は，大きさが連続的に変化し，幾らでもその中間の値をとることができるような量をいい，長さ，電流，抵抗など一般の物理量が相当，とありました．物理量という言葉を補足説明しますと，ものさしや秤(はかり)などで測ることができる量で，メートル，キログラムや秒などといった［単位］を持っているものをいいます．また，デジタル量（digital value）は，ある大きさの一定値を単位としてそれが何個集まったかを数えていくような不連続な量をいい，自然数を数える場合などがこれにあたる，とあります．

スマホの辞書も調べましたが，難しくて参考にするのをやめました．

このように，アナログもデジタルも，物の量を表現するときの「方法」を表しているものです．アナログは連続して変化するもので表現，デジタルは指折り数えるように数字で表現するものです．

説明を短くすればするほど分かりにくくなるようですね．

昔からあった商品はみんなアナログ？

先述のカタカナ語辞典には具体的なモノ（機器とか装置）も出てきます．

アナログ・レコードは円盤状の樹脂に凹凸を刻んで音響情報を記録した従来の音盤，アナログ・プレーヤーはアナログ・レコードの再生機とあります．アナログ・カメラは被写体の画像を写真フィルムに映し現像する従来の写真機と説明されています．アナログ時計は文字盤の数字を針で示して時刻を表す時計とあります．さらにデジタル家電を調べると，コンピュータを内蔵し，デジタル技術によって各種機能を制御する家庭用電器製品の総称と説明されています．

よくよく考えますと，レコードもカメラも時計も，デジタル商品が出てくるまではわざわざアナログ××とは呼んでいなかった従来の商品です．

従来の商品はことごとく物理量が連続的に変化するアナログ値が使用されているということです．アナログ時計などについては若干注意することがあり，後ほど触れることにします．

アナログ××，デジタル××
という呼び方

ものの量をアナログ方式で表現するとき表現されたものを「アナログ値」，デジタル方式で表現するとき表現されたものを「デジタル値」といい，「値」という文字（言葉）を付けて呼びます．辞書をひいても「方式」などという分かりにくい言葉が出てくるように，このように「値」をくっつけてアナログ値とかデジタル値と呼ばれる派生した言葉で具体的なものを表すことになります．アナログやデジタルには，この「値」という言葉の代わりにいろいろな言葉をくっつけて使うことが多く，例えばアナログ機器，アナログ回路，デジタル機器，デジタル回路，などです．また，アナログICとかデジタルICという使い方もあります．アナログ技術，デジタル技術という言葉も頻繁に出てきます．

このようにくっつけて使われる言葉は機器，回路，技術，あるいはICが多く，これらの言葉が電気製品に関係することから，今後の説明のために機器（装置）や回路などについて基礎知識をおさらいしておきます．初歩的なお話です．

白物（しろもの）と黒物（くろもの）

はじめに電子機器と電気機器，電子回路と電気回路，電子部品と電気部品，をどのように区別して考えるかについて説明しておきます．

表1-1は家電量販店などで売られている電気製品を，「アナログ」と「デジタル」に行きつくように意識しながら分類したものです．

はじめに大きく「電気機器」と「電子機器」とに分類してあります．

もちろんどちらも電気製品ですが，表に示したように機能に違いがあります．

「電気機器」の方は，モータを使った回転，ヒータやIHを使った加熱，熱交換機能を使った冷却，そして電球，蛍光灯やLEDを使った照明などが含まれます．

これら電気機器の方は，出始めたころには白い商品が多かったため白物家電と呼ばれます（最近では黒い冷蔵庫もありますが）．

商品には，掃除機，洗濯機，扇風機，電気ストーブ，電気湯沸かし器，電気炊飯器，エアコン，冷蔵庫，などがあります．

電気機器の内部には電気回路があり，電気回路はモータや熱線のような電気部品の接続が主体となっています．

電気製品のもう一方は「電子機器」です．「電気機器」とか「電子機器」という呼び名は広く定義されたものではありませんが，実態に合っているので使いました．さて「電子機器」の方は，トランジスタやICなどの電子部品を使った電子回路によって構成されています．それらの動作で機器の主な機能を作りあげているものです．電子部品を駆使

表1-1　電気製品をふたとおりに分けてみた

	分類	機能例	商品（機器）事例
電気製品	電気機器（白物 腕力）	回転	扇風機，換気扇，掃除機，洗濯機，電動工具，皿洗い機，マッサージャー
		加熱	乾燥機，炊飯器，電気コンロ，加湿器，暖房器，電気ポット，アイロン
		熱交換	エアコン，冷蔵庫
		照明	照明器具，電球，蛍光灯，LED
		その他	電気オルガン
		通常複数の機能が組み合わされて商品化されている．機能向上や性能向上のため黒物頭脳の回路を内蔵したものが多い	
	電子機器（黒物 頭脳）	印刷 計時	テレビ，ビデオ，ラジオ，パソコン，プリンタ，デジカメ，プレーヤー，アンプ，電気計測器，電話機，無線機，スマホ，電子オルガン，インターホン，水晶時計，電波時計

すればありとあらゆる不思議な機能を作り出すことができます．

「電気」と「電子」の使い方の違いを理解していただけたと思います．

さて電子機器の機能は，**表1-1**にもあるように通信をはじめとするさまざまなものがあり，1つには絞り切れません．

商品には，テレビ，ラジオ，ビデオ，パソコン，プリンタ，無線機，スマホ，デジカメ，各種計測器，などがあります．

「電気機器」の白物に対して「電子機器」の方は，黒物とも呼ばれます．

黒いキャビネットに収まり，シックな商品でもあったからでしょう．

このように分類してみると，「電気機器」の方は，調理したり，皿を洗ったり，掃除をしたり，マッサージしてくれたり，と，「力仕事」を電化したものであり，「電子機器」の方は，見たり聞いたりする「頭脳の仕事」を担当するように電化したものである，といえそうです．

誤解しないでいただきたいのですが，電子機器の方が電気機器より頭が良いと早合点しないでください．後にも述べるように頭脳をもった白物の電気機器もたくさんあるからです．例えばロボット掃除機！！

電子機器と電子回路と電子部品

電子機器は機器とか装置とも呼ばれます．例えばラジオとかパソコンです．

電子機器の中には電子回路が存在します．電子回路には信号を増幅するとか，発振するとかいろいろな機能があるので，機能別に分けて考えると回路が複数存在します．この様子を**図1-1**（p.10）にまとめました．

図1-1では複数の回路を回路1，回路2，…と呼んでいます．具体的な例として右側にAMラジオの事例を示しました．

電子回路は機器の目的に沿った機能が盛り込まれており，通常は印刷した基板に電子部品を取り付けてはんだ付けをしてできています．電子機器の中の基板は1枚であることもありますが，その印刷基板を複数の回路が分担しています．

印刷基板を見てもどこまでが回路1でどこからが回路2なのか見分けられませんが，設計者は回路1，回路2，…を意識しながら，地図でも描くようにコンパクトに基板に配置しています．

繰り返しますが，電子機器（装置）はいろいろな

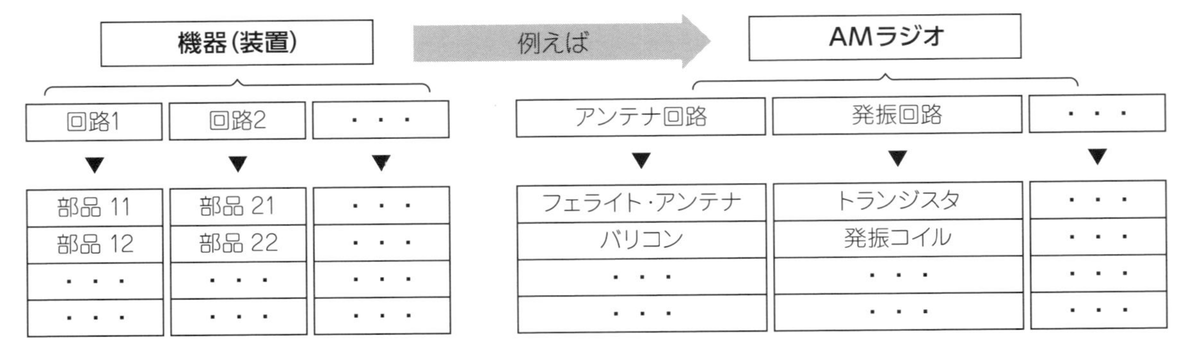

図1-1　機器（装置）**は回路の集合体でできている**

機能を持つ電子回路の集合体です．

電子回路は，**図1-1**でも見たように，電子部品を集めてできています．その電子部品とはトランジスタ，FET，ICなどの半導体部品や，抵抗，コイル，コンデンサなどの部品たちをいいます．もちろん真空管も電子部品です．

電子回路の設計は，このような電子部品をどのように組み合わせるかを決めることです．1つだけ，組み合わせる以前に組み合わせがほぼ完了している部品があります．半導体部品のIC（Integrated Circuit）は単独で規模の大きい回路になっています．ICの中でも非常に規模の大きいものがあり，LSI（Large Scale IC）と呼ばれています．

ICやLSIを使用すれば，回路の相当部分ができあがりますが，そのICやLSIがアナログICであったりデジタルICであったりします．

アナログICの実際の名称はリニアICと呼んだり，用途別にオーディオ用ICとかビデオ用ICなどと呼んだりしています．デジタルICの実際の名前はロジックICとかメモリICなどです．ICの中にアナログ回路とデジタル回路の両方を持ったものもあります．

機器や装置をアナログ機器とかデジタル機器と呼べるでしょうか

機器（装置）に使われている何種類もの回路の中で，スケールの大きな（親分のような顔をしている）回路が，デジタル技術をふんだんに使った重要な回路であれば，その親に相当する機器（装置）は，デジタル機器と呼ぶにふさわしい機器だといえます．

複数の回路の中でデジタル技術を補助的にしか使ってないような場合には，その機器（装置）はデジタル機器とは呼べません．では，アナログ機器かというとそうとも限りません．アナログ技術を生かした回路が含まれていればその機器はアナログ機器と言えるでしょうが，デジタル機器でもアナログ機器でもない場合があります．

一般に，機器（装置）は，アナログ技術を生かした回路もデジタル技術を使った回路も複数持っているのが普通です．ですから機器の前にアナログとかデジタルを付けてアナログ機器とかデジタル機器と断定して呼ぶのは，よほどアナログ色やデジタル色が濃くないかぎり無理があります．

機器や装置をアナログ機器とかデジタル機器と呼ぶときの注意点

「外面如菩薩内面如夜叉」という言葉があります．「ゲメン・にょボサツ・ナイメン・にょヤシャ」と読みます．

華厳経と呼ばれる，仏教経典の1つにある言葉で，外面（げめん）すなわち外ヅラは慈悲に満ちた仏様なのに内面すなわち中身は残忍な鬼神であるという，

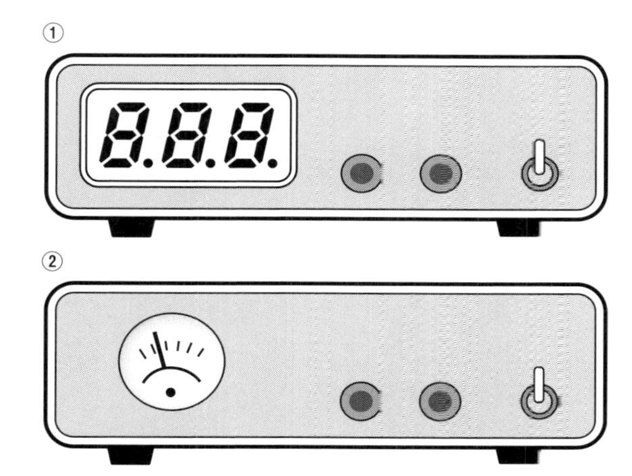

図1-2　表示器は装置本体の顔ではない

外観と真の姿がまるで異なる状態を表している言葉です．怖いですが，こんな人もいますよね．

ここでは，機器（装置）がアナログなのか，デジタルなのか，またそのどちらでもないのかを，機器（装置）の「顔」を眺めただけで判断するのは危ないですよ，という話をします．

図1-2に2種類の装置の外面(げめん)を示します．①は出力電圧を表示するデジタルLEDの文字表示ユニットを使っていますが，中身がトランスやトランジタを使った安定化電源であり，表示はデジタル，本体はアナログの電源装置ということになります．また，②は電圧を表示するアナログ表示の針式メータを使っていますが，中身はコンパクト・ディスクの増幅装置ということがあり得ます．多くの人は中身を知らないまま①がデジタル装置，②がアナログ装置と答えそうです．

表示部は機器を構成する中の1つの回路ですから，表示にひきずられて本体を早合点しないようにしましょう．

時計については，またあとの章で別の角度から掘り下げることにしますが，まったく同様のことを時計の事例で考えます．

時計の歴史をひもとけば，日時計，水時計，砂時計など独特な原理で時を刻むものが，いずれも大昔の発明品としていろいろな本に紹介されています．

その時代には「デジタル」という言葉はもちろんありませんし，その対義語である「アナログ」という言葉もありませんでした．

ですからデジタル全盛時代である今日，古そうな「レトロな時計」を見たら「大きなノッポの古時計」と同じ仲間の「ゼンマイ時計」と考えてしまいます．

ゼンマイ時計は，先述のカタカナ語辞典によればアナログ時計になるのですが，現在店頭にあるレトロな時計は「ゼンマイ時計」ではなく，ほとんど「電池式時計」，それどころか立派なデジタル技術を駆使したデジタル時計です．

写真1-1（p.12）は「電気店」で売られている「電池式時計」の事例です．

「菩薩(ぼさつ)」と「夜叉(やしゃ)」という単語をそれぞれ「ゼンマイ式」と「電池式」に置き換え，「外面はゼンマイ式，実体は電池式」としてみたらピッタリする写

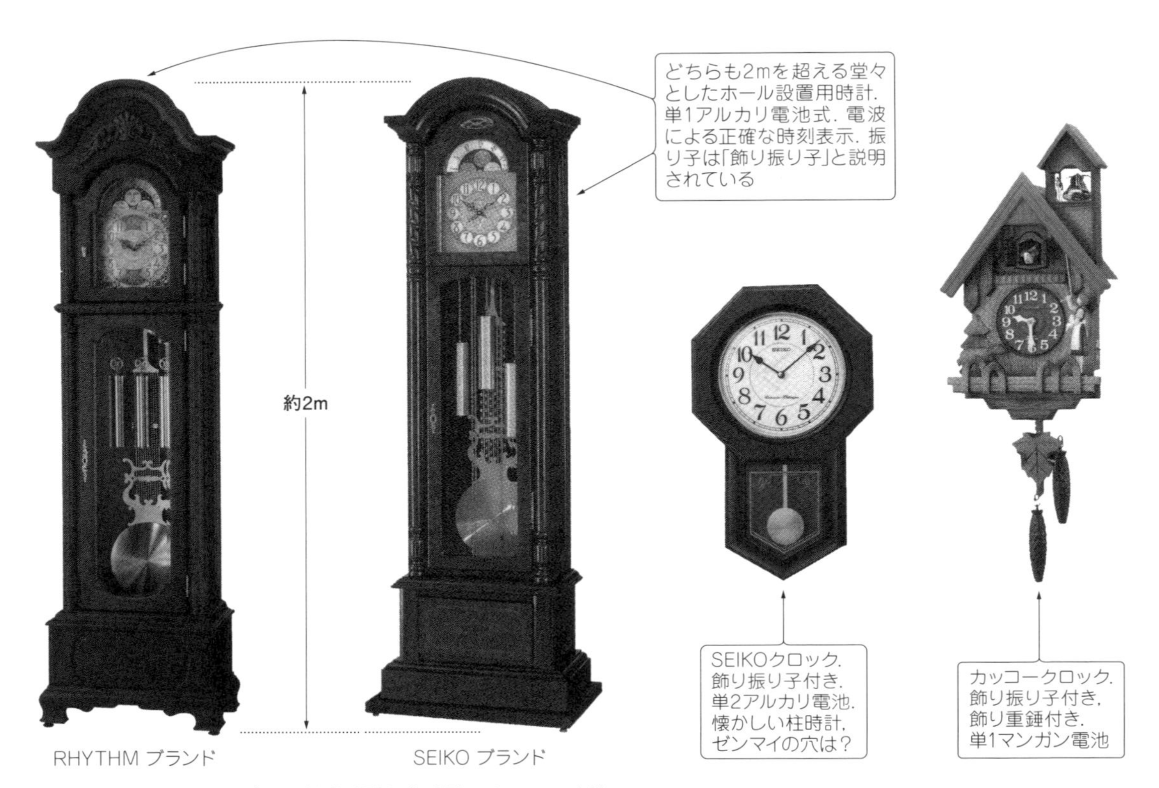

写真1-1　大きなノッポの最新式時計と柱時計＆カッコー時計

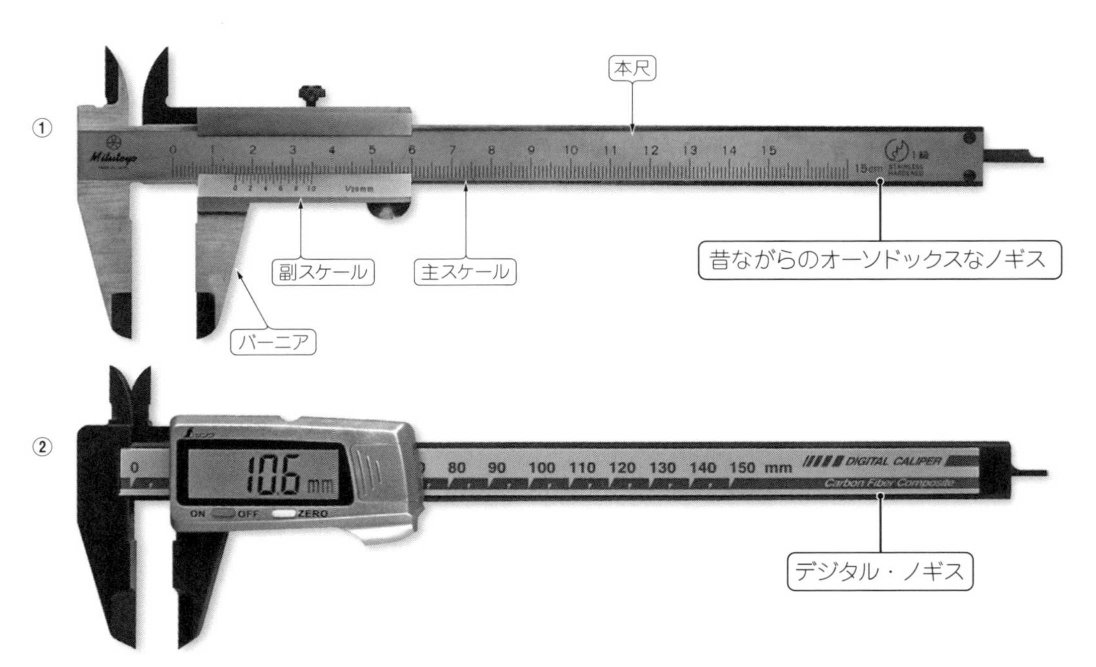

写真1-2　本体がアナログで表示がデジタルの事例

真です．

お店で準備されているカタログによると，はっきり電池時計と宣言されているうえ，振り子も「飾り振り子」と説明書きがあります．しかも「電波時計」まであるのです．このように外見のみで直観すると判断を誤ります．

よく観察すればバレてしまうことがないわけではありません．**写真1-1**の柱時計にはゼンマイを巻き上げるための穴がありません．

このあとデジタル製品かアナログ製品かを見分けるときにこの教訓を思い起こしていただきたいものです．

図1-2（p.11）と**写真1-1**に事例を示しましたが，さらにもう1つの事例を示します．

写真1-2はホームセンターで手に入る2種類のノギスです．①は昔からあるオーソドックスな（アナログの）ノギスで，②はこのノギスの表示部だけをデジタル化したもので，商品名もデジタル・ノギスです．先述の時計の例では本体がデジタル，表示部がアナログでしたが，このノギスの例では本体がアナログ，表示部がデジタルと逆になっています．

Column ① デジタル人間とアナログ人間

世の中には，○○人間とか××人間と呼んで，その人の特徴を面白おかしく表現する傾向があります．その○○とか××に，誰もが納得するような言葉を当てはめてわかりやすく代弁したものは微笑みをもって理解されるものです．

このような表現がアナログやデジタルの世界にもあるようです．そしてその表現が好意的に受け取られる場合と，そうでない場合とに分かれてしまう現実を紹介しましょう．

＊　＊　＊

アナログやデジタルという言葉の意味を知らないまま，あの人はデジタル人間だ，とか，自分はアナログ人間だ，という会話が聞かれることがあります．

知らず知らずのうちに，デジタルやアナログというものの性格を直感しているものと思われます．

この会話の中の「デジタル人間」というのは判断やものの言い方がガチガチに理屈っぽく，堅い性格であるようなニュアンスがあります．

デジタルという言葉が計算機を連想させ，情緒的な気持が入り込む余地がないことをイメージさせるからだと思われます．

一方「アナログ人間」は，右とか左でなければいけないというデジタル的な発想でなく，その中間に相手と妥協するフトコロの深さを見せるような，情緒的な人間であるニュアンスがあります．

このようなニュアンスのままだと，デジタル人間は融通の利かないガンコもので，アナログ人間は相手の気持ちを尊重する紳士的な人間という印象になり，アナログ人間の方が優れていることになりかねません．しかし，言い方を変えればデジタル人間は知的でキチンと判断する真面目な人間であるのに対し，アナログ人間は優柔不断で自分の意思を通せない引っ込み思案の人間ということにもなりそうです．

日常の生活ではアナログとかデジタルに直接触れることがない人でも，会話ではアナログ人間とかデジタル人間という言葉を口にするのはなぜでしょうか．

それは聞こえてくるニュースや書店の本の中に，アナログやデジタルという言葉があふれているからでしょう．

「デジカメ」とか「地上波デジタル」などという言葉によって既に「デジタル漬け」なのです．

だからこそ「デジタルって何？」という質問も出てくるわけです．

第 **2** 章

デジタル信号はどのように利用されるか

アナログとデジタルとを比較するために，まずアナログ・オーディオを振り返ります．オーディオの歴史とLPレコードのステレオ技術を重点的に復習します．

そのうえで機器のアナログ回路とデジタル回路の中を流れる信号の相違点を認識します．また，デジタルのデータには性質の異なった二種類の型があることも知ります．

アナログの代名詞のようなオーディオの歴史

アナログを代表するものはオーディオです．その中心となるのはディスクですから，ディスクの誕生とその変遷を見ることにします．

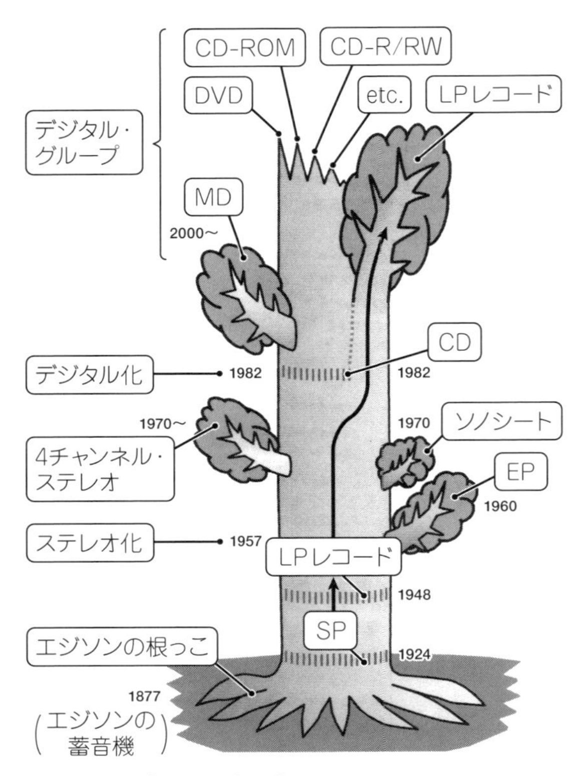

図2-1　お皿（ディスク）の木

図2-1はオーディオ，とりわけディスク（お皿）の歴史的な流れを樹木の成長の姿で表現したものです．根っこから梢（こずえ）に向かって幹も成長し，いろいろな製品に枝分かれし，遂にはデジタル製品にまで伸びる姿を示しています．

木の幹に沿って矢印が昇っていますが，この流れがアナログのオーディオ・ディスクの歴史で，途中にある枝が歴史を刻むディスクの産物です．

この図を見ながら以下の説明を読んでください．

全ての起源はエジソンにあります．

1877年にエジソン（Thomas A. Edison 1847～1931 米）は蓄音機を開発しました．

彼の蓄音機は円筒に錫箔を巻いたものに音溝を刻んだものでしたが，1878年にエミール・ベルリナー（独）という人が，ロウの円筒管の代わりに，水平の音溝のついたディスクを回すターンテーブルを考案しました．音はラッパから聴いたそうです．

1900年にはワックスに原盤としての録音する方法が開発され，現代の技術のもととなりました．また1904年には裏表を使う両面版が誕生し，イギリス・グラモフォン社が愛犬の絵を商標に採用し，“His Master's Voice”というコピーを付けました．このマークを懐かしく思う人も多いことと思います．

1924年にはマイクロホンを使った電気吹込みが

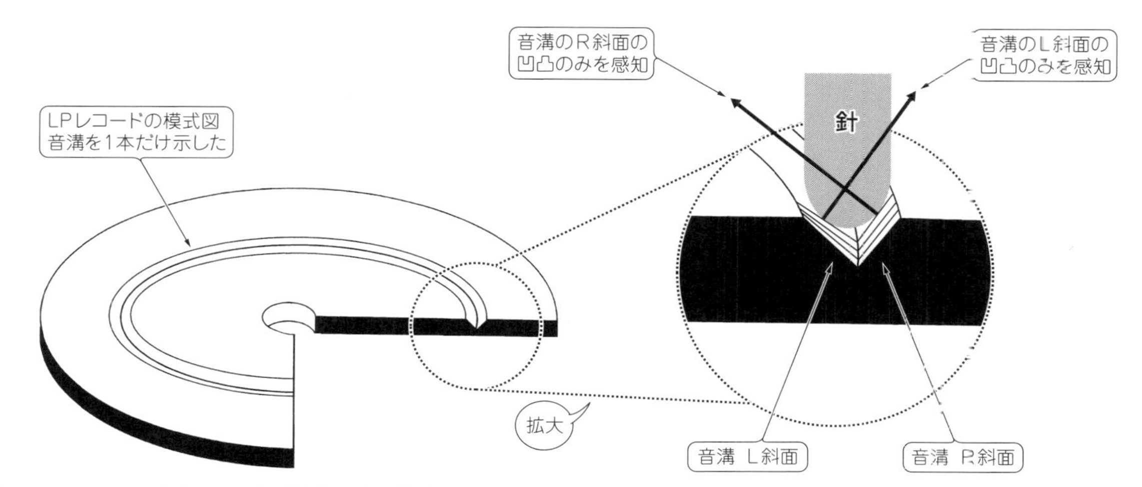

図2-2　LPレコードでステレオが再生できる原理

始まり，カッターで直接ワックス盤に刻むようになって音質が改善され，78 rpmで4分30秒の演奏時間が達成されるSP盤の誕生につながりました（Popular Science/Nov.1981）.

そして1948年，LPレコードが誕生します.

材質は合成樹脂のビニライト（塩化ビニルなど）が採用され，音溝は従来の⅓に狭められ，回転数も33･⅓rpmとグンと長時間演奏ができるようになりました．この盤ではメンデルスゾーンのバイオリン協奏曲が片面におさまります.

LPレコードは**図2-1**でも分かるように，デジタル華やかな今日でも根強いファンが大勢います.

さてレコード技術の発展にともない，面白い商品が生まれました．**図2-1**でEPと記した商品です．この商品には似通ったものが複数あります.

RCAビクター社が開発した「シングル・レコード」は直径17cm，45rpmの小型の盤ですが，オートチェンジャーにかけて使えるようにしたため中央の孔が38mmと大きく，「ドーナツ盤」とも呼ばれています．この盤を従来のLPレコードなどのプレーヤーで演奏するときは中央にあらかじめ38mmのアダプタを入れて軸を太くし，ドーナツ盤がかけられるように調整したものです.

EP盤と呼ばれるものは中央の孔径はLPレコードと同じものです.

また「ソノシート」という，盤というよりシート（紙状）のレコードも生まれています．ソノシートは朝日ソノラマの登録商標ですが　発明はフランスのアセット社です．ビニル材質の曲げられるレコードで，印刷するような工程で作られるユニークな商品です．主として雑誌などの綴じ込み付録として人気を博しました.

LPレコードのステレオは どうやっているのか

1957年には，画期的な発明としてLPレコードのステレオ化があります.

そしてデジタルのCDが登場するまでレコード界の王者として君臨しましたし，いまだに根強いファンがいます．LPレコードを支えるものに，プレーヤーやピックアップの精密な機械技術や製盤技術がありますが，ステレオ化のために採用された「45/45方式」が特筆すべきものです.

図2-2は，LPレコード盤の音溝を細かく見るために，盤の断面で音溝がどうなっているのかを示したものです．切り口を拡大した右の図で分かるように，音溝が90°の角度で刻まれています．片側はL（左）側の音源によって凸凹が刻まれており，反対側はR（右）側の音源によって凸凹が刻ま

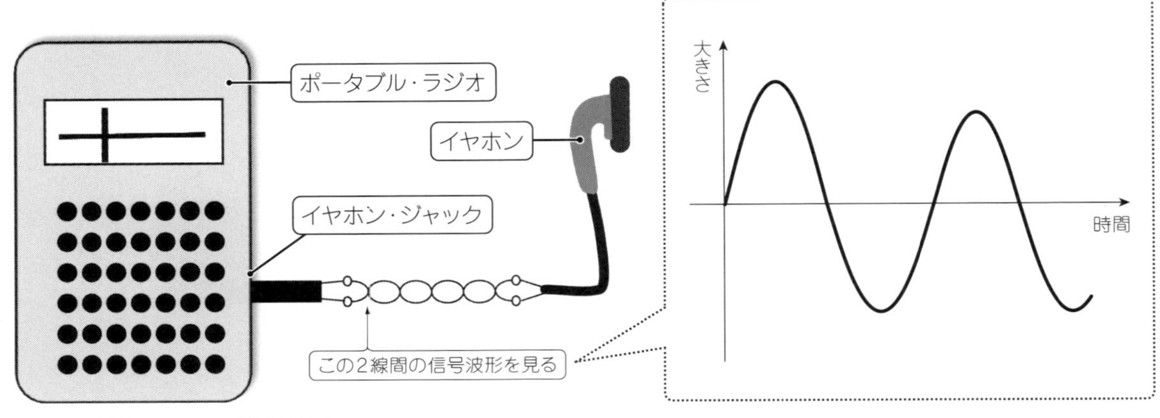

図2-3　代表的なアナログ信号波形

れています．

こうすると，音溝をこすって音の電気信号に変換するためのピックアップの針の振動は，L斜面をこする振動の向きと，R斜面をこする振動の向きが90°異なるため互いの振動を感知しなくなります．つまりLとRとが分離されるのです．

これを45/45方式と呼んでいます．もちろんモノーラルにも対応しています．

1つの溝をこすってL信号とR信号を分離させながら取り出す究極の技術は，アナログならではの工夫が感じられます．

LPレコードでは後に，**図2-1**にも示したような4チャネル・ステレオといった発展技術も展開することになるのですが，このシンプルで高度な45/45方式のステレオ方式こそアナログ技術の真骨頂と言えるものです．

後発のデジタル技術を使えばいとも簡単にやってのけるステレオですがねえ．

アナログ回路の中では どんな信号が動いているのか

レコードの音溝はクニャクニャと細かくうねっています．

このうねりは音の変化そのもので，溝に接触した（レコード）針に，スピーカに使われている（円錐形）のコーン紙の頂点を当てると，これからうねりに応じた音が聴かれます．というより，このこと自体，電気を使ってない頃の「蓄音機」のピックアップなのです．昔はこのピックアップに徐々に広がるメガホンの親玉のようなホーンをくっつけて，100m以上も聞こえる蓄音機ができあがっていたものです．

ということは，レコードの音溝のうねり（ギザギザ，凸凹）は音の強弱や高低を忠実に刻み込んだ，オシログラフの彫刻ということができます．

もしこの音溝から電気信号を取り出す（現在の）ピックアップを使ってその信号波形をオシロスコープで観察すれば，音溝のうねりを模写したような波形が観察されます．オシロスコープは高校の物理の教科書にも出てくる常識的な機械で，それによって得られる画像をオシログラフと呼んでいます．

LPレコードの電気信号を増幅してスピーカで聴くためのアンプ（増幅器）の中には，一貫してこのような波形の電気信号が流れているのです．

ここでのテーマ「アナログ回路の中ではどんな信号が動いているのか」に対する答えは，この音の変化に応じた波形の電気信号ということになります．

レコードに限らず，アナログ機器の回路の中にはこのような電気信号が動いています．**図2-3**は

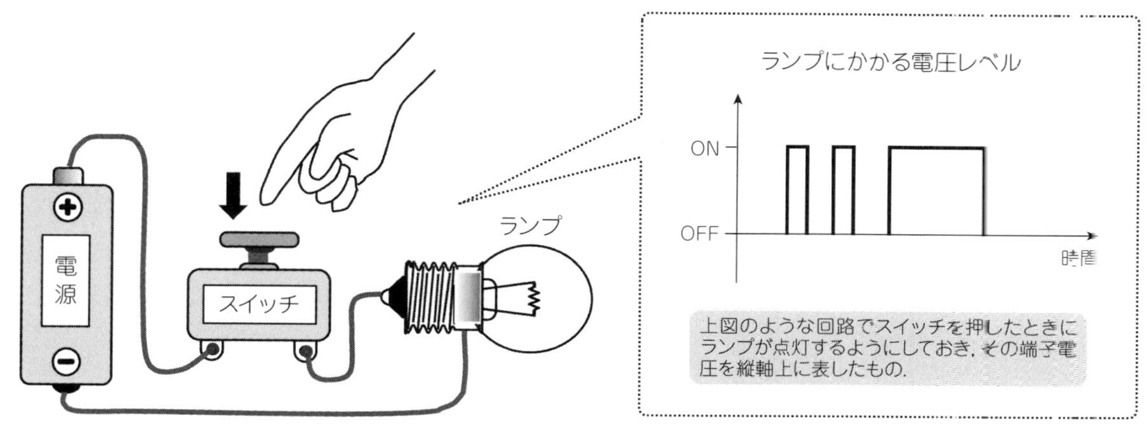

図2-4　代表的なデジタル信号

ラジオのイヤホン・ケーブルの二線間に流れる低周波信号の波形を観察したものです．

デジタル回路の中ではどんな信号が動いているのか

図2-4はデジタル回路の中で行き交う信号波形と同様なものを，簡単な回路で表現したものです．スイッチを押したときにランプにかかる電圧は，グラフのようにONレベルとOFFレベルとの間を行ったり来たりします．つまり電圧はこの2つのレベルのどちらかにしか存在しません．**図2-3**のような緩やかな山を描くような変化はありません．これがアナログ信号とデジタル信号の決定的な相違です．

図2-4の例ではスイッチを「チョイ押し」+「チョイ押し」+「長押し」した場合を示しており，モールス符号でいうと「ト・ト・ツー」で，英語の「U」，日本語の「ウ」に相当します．そうです．モールス符号はデジタル信号の一例でもあります．

ひと言付け加えますが，**図2-4**のような波形の繰り返し周波数は，通常は人の手で押すようなゆっくりしたものではなく，メチャクチャに速いものです．

以降の章で幾つかのデジタル機器を解説するときに体感します．

ONかOFFしかないデジタル信号はどんな使われ方をするのか

図2-3に見るように，信号波形が大きいときにはイヤホンから出る音が大きいとか，波形の周波数が高いほど音が高いのは感覚的にもよく分かります．しかし**図2-4**に示したようなONかOFFしかないような波形は，一体どういう風に利用されるのでしょうか．ここでデジタル信号（符号）の使われ方を考えてみます．

その準備として，もう一度**図2-4**の波形を振り返ってみます．

スイッチの押し方は「ト・ト・ツー」になっています．「ト」はチョイ押し，「ツー」は長押しの意味です．

この最後の「ツー」を「ト」が3回分連続したものと考えれば全体の符号の変化は，ONレベル・OFFレベル・ONレベル・OFFレベル・ONレベル・ONレベル・ONレベル・OFFレベルとなります．3つに区切られたアンダーラインがそれぞれ「ト・ト・ツー」に相当します．

ONレベルを「1」，OFFレベルを「0」と表現すれば全体の符号を「10・10・1110」という1と0の文字列で表すことができます．最後の「1110」はONレベルの連続3回分ということです．最後の0

はOFFを意味します.

図2-4の波形はこのように「1」と「0」の配列でできていることを再確認しました.

さてこのような1と0の配列の使われ方は，大きく2つに分類できます.

1つはパソコンやその周辺機器（ハードディスクやUSBメモリ）に見られるコンピュータ型のデータ，もう1つはCDに代表される元アナログから変換されたデジタル・データです.

これからこの2つの型のデジタル・データについて整理してみます.

コンピュータ型のデジタル・データ

これは筆者が勝手に付けた名前です.

パソコンにはいろいろな機能があります．記憶する，計算するといった機能や，データを比較したり，命令したりする機能です．人間の頭脳に似た知的な行動を機械にさせる機能です.

これらの機能を実現するために欠くことができないものに「プログラム」があり，そのプログラムやデータを保存するための容器「メモリ」があります.

プログラムは，コンピュータに処理させる仕事の手順や計算方法を，そのコンピュータに合った形式で書き込み保存しておくもので，1と0との組み合わせで作られています．中身は第3章で一部触れますが，パソコンやスマホでいつもお世話になっているものです．プログラムは大げさなものとは限らず，ある部分のデータを監視しながら，その値が変化したら全体の流れを変えるように命令を出す，などといった簡単なものもあります.

またデータというのは，計算した結果の数値データであったり，住所録にあるような名前のデータであったりさまざまです.

プログラム自身やデータの保存庫が「メモリ」です．メモリはパソコンの周辺機器であるハードディスクやUSBメモリに代表される「1」と「0」のデータを順序よく並べて入れ込む装置です．電子回路だけでこれを実現するときには，USBメモリに使われるような半導体メモリとなります.

さてさて，先ほどから解説の柱であった「**図2-4**に示したようなONかOFFしかないようなデジタル信号は一体どういう風に利用されるのか」というテーマについては，機器（装置）をコントロールする頭脳として利用されるというのが1つの答えで，コンピュータ型の使われ方になります.

ロボット掃除機というものがあります．掃除機は昔，モーターを強弱の段階で回転させ，ゴミを吸い込むだけの装置でした．昨今の掃除機は自動で障害物をよけ，掃除のし残しがないように勝手におまかせ掃除をしてくれる頭の良いロボット掃除機に成長しています.

このような頭脳をデジタル回路として内蔵しており「1」と「0」がそれを支えているのです．すなわちコンピュータ型のデジタル・データです.

CD型のデジタル・データ

これも筆者が勝手に付けた名前です.

従来のアナログ信号，例えば**図2-3**に示したような信号を，A-D変換（アナログ→デジタル変換）して**図2-4**のようなデジタル信号にすることが行われています.

このように，もともとあったアナログ信号を，変換技術を使って1と0のデジタル・データに変身させた，そのようなデータを「CD型のデジタル・データ」と呼んだのです．このような変換は，CDが代表的ですから「CD型」としました.

アナログ信号のデータは専用のLSIを使用してデジタル・データに変換することができます．これをA-D変換と呼んでいます.

その逆の場合もあり，これをD-A変換と呼びます.

CDでどのようなことが行われているかは，CDを扱った章で詳しく述べますが，なぜわざわざアナログ信号をデジタル信号に変換するのかをひと言でいうと，動作性能を向上させたり，操作性を良くしたりするなど多くのメリットがあるからです．

LPレコードの時代になぜこのようなCDがなかったのか，というとデジタル技術が一朝一夕にできたものではないことを物語っています．

ともかく1と0によるデジタル信号には，「コンピュータ型のデジタル・データ」とともに，ここで示した「CD型のデジタル・データ」があることを知っておきましょう．

なお，（アナログの）レコード・プレーヤーの発展形としてCDプレーヤーがあるのですから，両者は互いに対義語（反対語，対極語）の関係にあります．

これに対し，コンピュータ型のデジタル回路に対応するアナログ側の対義語はありません．

くどいようですが，この章を締めくくるにあたって，前節の「コンピュータ型デジタル・データ」とこの節の「CD型デジタル・データ」をもう一度頭に叩き込んでおいてください．

コンピュータ型の方はパソコンやスマホ（いわゆるコンピュータ）の中にある1か0の信号群をいいます．その機器（端末）がCDのような音楽ソフトを扱っていれば，もう一つのCD型デジタル・データが混在していることもあります．

CD型のほうは，元の信号がアナログであったものをデジタルに変換して音楽やDVDの信号源としているもので，プログラムの機能はないものと理解しましょう．

Column 2 モールス符号あれこれ

モールスさんをコンサイス人名辞典で調べてみました．アメリカの人が3人いました．

動物学者，中国研究者，そして画家で発明家の3人です．

この画家Samuel Finley Breese Morse（1791-1872）がモールス符号の発明家でした．肖像画家として有名な人だそうです．

1837年に電磁石を応用した最初の電信機とモールス符号を発明し，1844年には政府の援助を受け，ワシントン～ボルチモア間に電信線を架設しました．

モールス符号は，短点と長音のみのキー操作なので，原稿から目を離すことなく入力できるすぐれものです．

欧文と和文とがありますが，ゴロ合わせの言葉でキー操作を覚える「合調語法」という方法があり，アマチュア無線の専門誌“CQ ham radio”の1月号別冊付録「ハム手帳」にも事例が紹介されています．

ここに紹介するものは，太平洋戦争中に「国民学校」で教えられたものです．

先生が単音の笛を吹いて児童に文字を当てさせていました．

アイウエオ順でなくイロハ順になっており「威光発揚→ヰ」，「乃木東郷→ノ」，「憂国勇壮→ユ」，「孟子と孔子→モ」など時代を反映した合調語法になっているところが面白いです．

昭和の「かたりべ」として紹介しました．ハムのOMさんたちも懐かしいだろうと思います．

お遊びですが，お近くの駅名をモールス符号に置き換えてみませんか．

例えば，東京，有楽町，新橋，浜松町，…は，「ツー・ツー」，「ツー・ト・ト・ツー」，「ト・ト・ト・ト」，「ト・ト・ト・ト・ツー」，…となり，三，ヲ，ヌ，4，…という判じ物になります．

英文ならM，X，H，4，…です．

ナンセンスかな？

モールス符号をワープロの文字入力に利用するアプリを考えてみませんか．

プログラミングの勉強になりますよ．

Column 2 (つづき) モールス符号 一覧表

イ	・—	イトー	伊藤
ロ	・—・—	ロジョーホコー	路上歩行
ハ	—・・・	ハーモニカ	ハーモニカ
ニ	—・—・	ニューヒゾーカ	入費増加
ホ	—・・	ホーコク	報告
ヘ	・	ヘ	屁
ト	・・—・・	トクトーセキ	特等席
チ	・・—・	チカトーキ	地価騰貴
リ	— —・	リューコーチ	流行地
ヌ	・・・・	ヌリモノ	塗物
ル	—・——・	ルールシューセース	ルール修正す
ヲ	・———	オショーショーコー	和尚焼香
ワ	—・—	ワートユー	ワーと言う
カ	・—・・	カトーセキ	下等席
ヨ	——	ヨーコー	洋行
タ	—・	タール	タール
レ	———	レーソーヨー	礼装用
ソ	———・	ソートーコーカ	相当高価
ツ	・——・	ツゴードーカ	都合どうか
ネ	——・—	ネーモーダロー	獰猛だろう
ナ	・—・	ナロータ	習うた
ラ	・・・	ラムネ	ラムネ
ム	—	ムー	ムー
ウ	・・—	ウタゴー	疑う
ヰ	・—・・—	ヰコーハツヨー	威光発揚
ノ	・・——	ノギトーゴー	乃木東郷
オ	・—・・・	オモーココロ	思う心
ク	・・・—	クルシソー	苦しそう
ヤ	・——	ヤキュージョー	野球場

マ	—・・—	マーマカソー	まあ任そう
ケ	—・——	ケーカリョーコー	経過良好
フ	——・・	フートーハル	封筒貼る
コ	————	コートーコーギョー	高等工業
エ	—・———	エーゴエービーシー	英語ABC
テ	・—・——	テスーナホーホー	手数な方法
ア	——・——	アーユートコーユー	あー言うとこう言う
サ	—・—・—	サーイコーイコー	さあ行こう行こう
キ	—・—・・	キーテホーコク	聞いて報告
ユ	—・・——	ユーコクユーソー	憂国勇壮
メ	—・・・—	メーゲツダロー	名月だろう
ミ	・・—・—	ミセヨーミヨー	見せよう見よう
シ	——・—・	シュートーナチューイ	周到な注意
ヱ	・——・・	ヱコーメーフク	回向冥福
ヒ	——・・—	ヒョーローケツボー	兵糧欠乏
モ	—・・—・	モーシトコーシ	孟子と孔子
セ	・———・	セヒョーリョーコーダ	世評良好だ
ス	———・—	スージュージョーカコー	数十丈下降
ン	・—・—・	ンメーンメーナ	旨え旨えな
1	・————	ヒコーソージュ^ホー	飛行操縦法
2	・・———	フタジューメーター	二十メーター
3	・・・——	ミツキユーコー	三月有効
4	・・・・—	ヨツヤクチョー	四谷区長
5	・・・・—	ゴモクメシ	五目飯
6	—・・・・	ローソクタテ	ろうそく立て
7	——・・・	ナーモーナナツ	なあもう七つ
8	———・・	ヤーヤーモーキタ	やあやあもう来た
9	————・	クーチューコーコーキ	空中航行記
0	—————	レートーホーリョーコー	冷凍法良好

第3章 コンピュータ型のデジタル回路は何をしているのか

コンピュータ型のデジタル回路で行われている頭脳的な作業を理解します．
あわせて計算のもとになる2進法にも知識を広げます．

デジタルは理屈っぽいです

前章では，「1」と「0」が集まってデジタル回路を作り，コンピュータのような頭脳の働きをするものと，アナログ信号をデジタル・データに変換して高性能化の働きをするものの2通りあることを説明してきました．

この章では前者の頭脳の働きをするものにもう一歩踏み込んで，どんなことをやっているから頭脳的なのかを説明することにします．

この章はかなり理屈っぽい，そして，骨っぽい技術の話題になりますが，今日の電子工学のデジタル分野の基礎が修得できることを期待します．

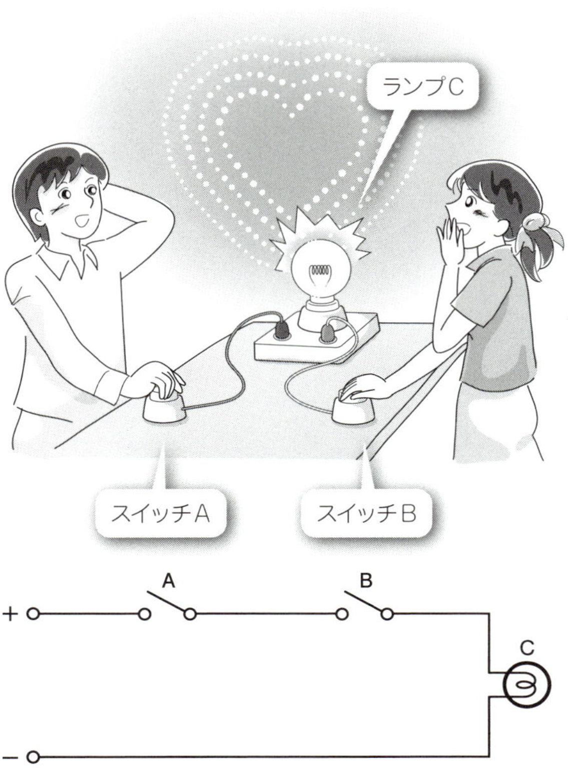

図3-1 「AND回路」による好感度一致テスト

3つの基本論理回路のやわらかな入門

いきなり難しそうなテーマが出てきましたが，これから紹介する「3つの基本論理回路」を使いこなせるようになると，簡単な「頭脳回路」の設計に口出しできる程度の知識が身に付きます．説明の中ではトランジスタを使った回路も出てきますが，この後の章も含め，この程度の半導体回路は理系の常識ともいえますので，克服してほしいと思います．また，どうしてもハードルが高いと感じる人は，3つの論理の名前だけでも覚えていただきたいものです．

それでは始めましょう．

図3-1はスイッチとランプを使った「好感度一致テスト」の様子です．2人の男女A君とBさんが，お互いに好感がもてる人であればスイッチを押してめでたくランプが点灯するというお遊びです．好きでもないのにスイッチを押してはいけません．

回路はとても簡単で，**図3-1**に示したように，スイッチAとスイッチBとランプCが直列になっているだけの分かりやすい回路です．この回路は「AND回路」と呼ばれ，この後に出てくる「OR回路」，

「NOT回路」とともにデジタル回路の根幹をなす基本論理回路3兄弟です．これら3つの回路を**図3-2**に整理しました．

回路の右にAとBのスイッチを操作したときのCのレベルを表にまとめてあります．

H（High level）はその位置の電位が電源（＋）と同じことを意味し，L（Low level）は電源（－）と同じゼロ［V］を意味します．HとLを使う表現はこれからもときどき使います．

図3-2①の「AおよびBがともにONのときのみCはH」という理屈と，**図3-2**②の「AまたはBのどちらかがONならばCはH」という理屈は容易に分かると思います．

図3-2③では見慣れないリレーが登場してきました．NOT回路は，「Cのレベルが常時Hで，入力AがONのときにはLになる」というものです．このような論理を分かりやすく表現するためにリレーを拝借したというわけです．

以上の3つの回路は「ゲート」とも呼ばれ，NOTは「インバータ」とも呼ばれます．またNOTゲートは，**図3-3**に示すようにトランジスタでも簡単に作れます．

① AND回路

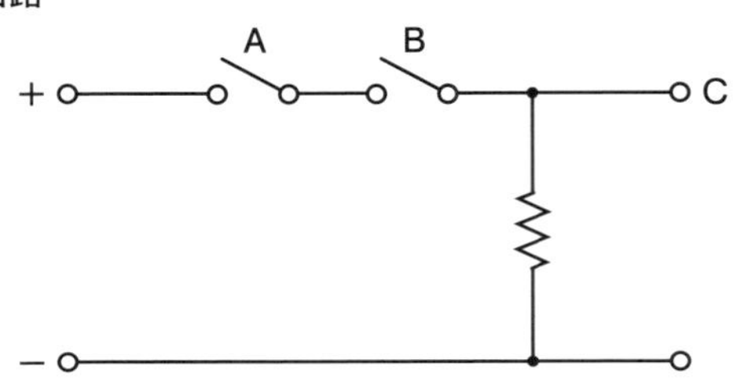

A, Bの操作と結果C

A	B	C
ON	ON	H
ON	OFF	L
OFF	ON	L
OFF	OFF	L

H は High level
L は Low level

真理値表

A	B	C
1	1	1
1	0	0
0	1	0
0	0	0

② OR回路

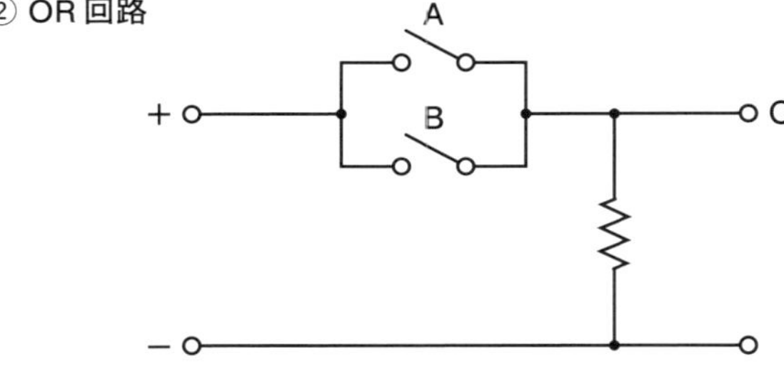

A, Bの操作と結果C

A	B	C
ON	ON	H
ON	OFF	H
OFF	ON	H
OFF	OFF	L

H は High level
L は Low level

真理値表

A	B	C
1	1	1
1	0	1
0	1	1
0	0	0

③ NOT回路

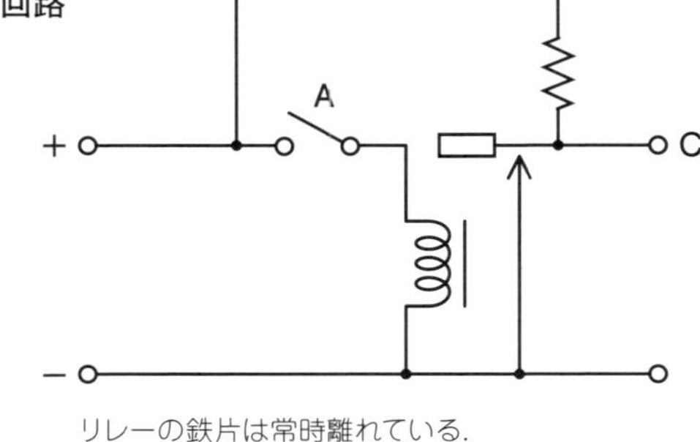

Aの操作と結果C

A	C
ON	L
OFF	H

H は High level
L は Low level

真理値表

A	C
1	0
0	1

図3-2　基本的な論理回路

図3-3
NOT回路をトランジスタで実現する

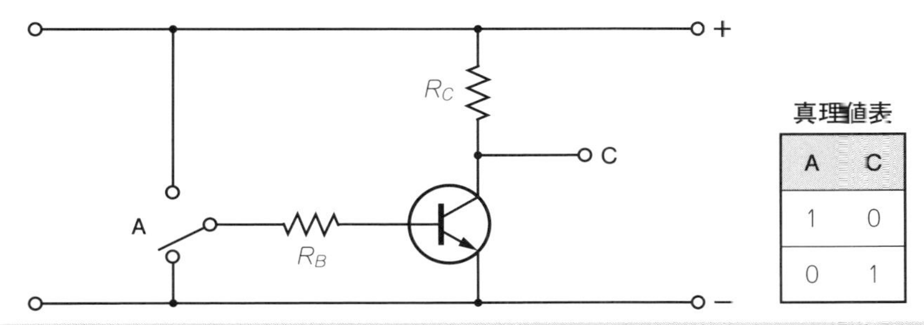

R_Bはトランジスタのベース定格電流を超えない程度に小さく選ぶ.
R_Cはベース電流が流れたときにコレクタ電位が0Vになる程度に大きく選ぶ.
もしCの電位が電源電圧の半分程度に選べたら，それはアナログでよく使われる回路だ.

表3-1　基本的な論理，シンボル，論理式

論理回路の種類	ANDゲート A AND B	ORゲート A OR B	NOTゲート（インバータ） NOT A
シンボル	 A B C	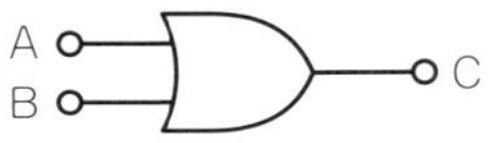 A B C	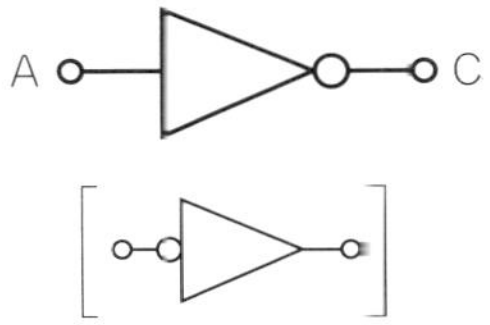 A C
論理式	C = A ∧ B	C = A ∨ B	$C=\overline{A}$

3つのゲートから いろいろな機能が生まれる

図3-2，**図3-3**ではそれぞれの回路に真理値表というものを書き添えてあります．操作するスイッチがONのときは「1」，OFFのときは「0」となっており，結果を示すCのレベルが「H」のときは「1」，「L」のときは「0」となっています．普段はこの真理値表を使います．

AND，OR，NOTの3つのゲートは，**図3-2**や**図3-3**に示した以外の回路でも構成できます．

ですから，これらのゲートは**図3-2**や**図3-3**のような具体的な回路にこだわらない3つのシンボルで表現することにしています．中身はいま述べたようにさまざまなパーツの組み合わせ回路で実現でき，通常は信号波形の整形や応答速度向上の目的で，ICが使われます．以上に述べたことを**表3-1**に整理しました．

これらのシンボルに出会ったときは，その中にある回路を想像する必要はありません．欄の上段に書かれたゲートのことだと納得してください．

また**表3-1**にはシンボルを端的に表した「論理式」を紹介しました．

なお，ANDゲートやORゲートの入力側のAやBがNOTを経由するときにはAやBの入力接続点にNOTを示す小さな「○」が挿入されたり，出力側がNOTを経由するときには出力側の接続点に「○」が挿入されたりします．実例を**図3-4**に示します．

図3-4の一番左に，AやBをNOTゲート経由でANDゲートやORゲートに入力したり，ANDゲートやORゲートからNOTゲート経由で出力したり

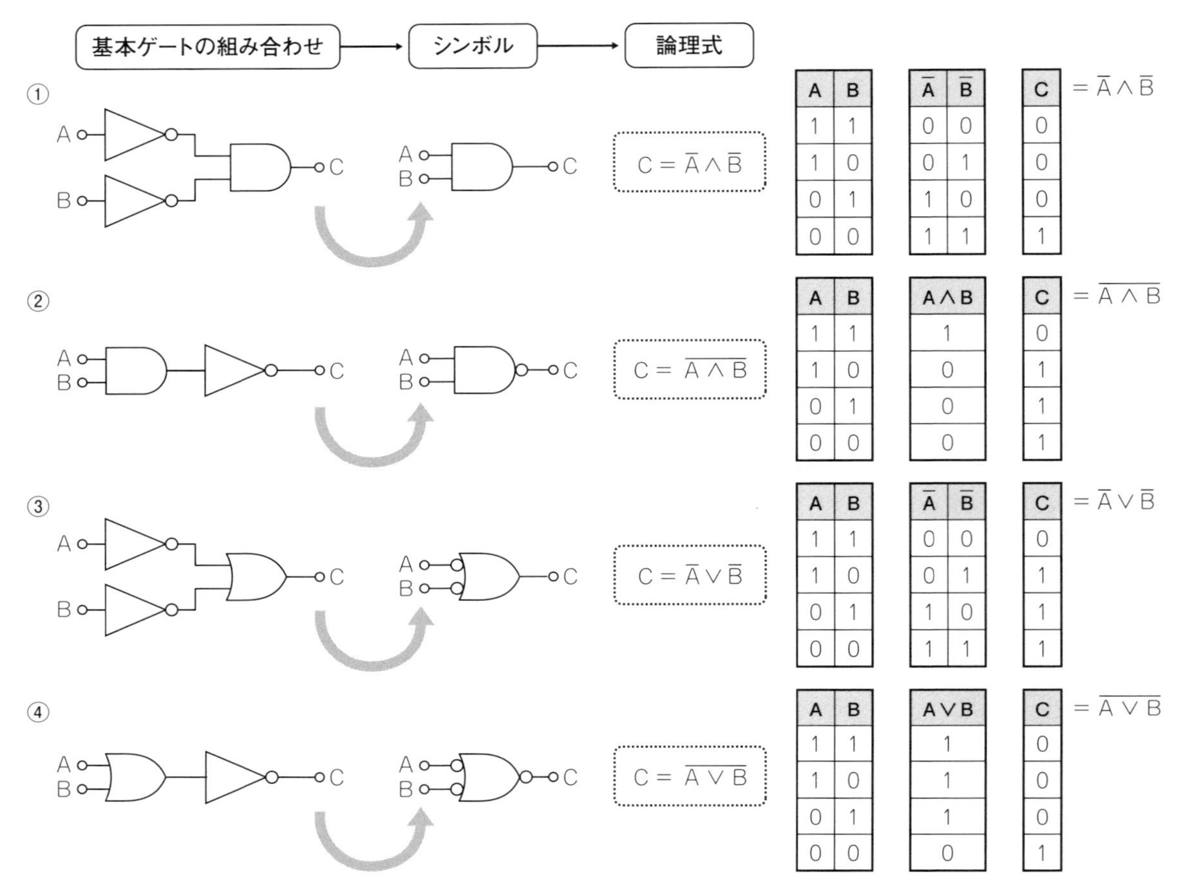

①

A	B	$\overline{A}$	$\overline{B}$	C
1	1	0	0	0
1	0	0	1	0
0	1	1	0	0
0	0	1	1	1

$= \overline{A} \wedge \overline{B}$

②

A	B	A∧B	C
1	1	1	0
1	0	0	1
0	1	0	1
0	0	0	1

$= \overline{A \wedge B}$

③

A	B	$\overline{A}$	$\overline{B}$	C
1	1	0	0	0
1	0	0	1	1
0	1	1	0	1
0	0	1	1	1

$= \overline{A} \vee \overline{B}$

④

A	B	A∨B	C
1	1	1	0
1	0	1	0
0	1	1	0
0	0	0	1

$= \overline{A \vee B}$

図3-4　基本ゲートを組み合わせる（①と④は同じ，②と③も同じ）

するような4種類の回路を示しました．そしてその右に小さな「○」を使って書き直したシンボルを示しました．

図3-4に示した論理式の意味は，**表3-1**でもおさらいしたのでよく分かると思います．

さてさて①の論理回路はどんなときに使われるでしょうか．

例えばA，Bの2人の検査マンが，ある工場で「ダメ」という判定をしてボタンを押したとします．2人の意見が一致して「ダメ」となったときは絶対にダメということにしてアラームが鳴るという想定です．入力のしかたには，**図3-4**の真理値表にあるように，A，Bそれぞれが1と0を入力する合計4通りあります．「ダメ」と判断してボタンを押すので，真理値表の中央にあるようにNOT AとNOT BがANDゲートに入力されたことになり，そのANDをとると，NOT AとNOT Bとのどちらも「1」のときのみCの値が1となります．Cが1のときに警告のアラームが鳴るようにしておけば，AとBとが一致してダメと判定するとアラームが鳴るという論理になります．

アレ？　**図3-4**を見ると④の論理回路もまったく同じ結果になっています．つまりORゲートを使っても同じ論理が得られるということになります．目を転じると②と③も同じ論理ということになります．

実はこのような論理に関する理論が「ブール代数」という論理数学で理論づけられていて，考えることの理論が学問の形で整理されているのです．

ブールさん，George Boole（1815-1864 英）は，数学者，論理学者です．独学で小学校の教師とな

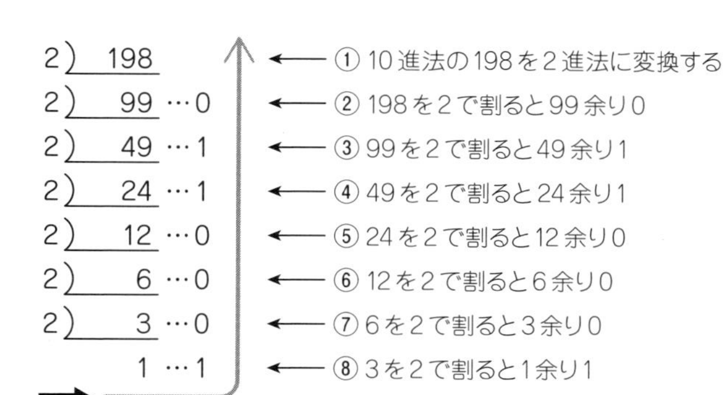

ステップ①から⑧に至るまで2で割った結果をていねいに示したが，➡の矢印で示したような順序で，ステップ⑧の「商」と「余」からはじまり，11000110と並べると，それが10進198の2進数となる．

図3-5　10進数を2進数に変換する

り，34歳で大学の教授になって，「記号論理学」を創始しました．

大学などでも「記号論理学」などの講座名で取り上げられてきました．文系の「論理学」と理系の「回路設計」との相互乗り入れの分野の学問です．

ブール代数には数学のように幾つかの定理があり，これを使ってより高度の論理式を解くことができます．定理の例には，図3-4の①と④，②と③が同じものであるというものも含みます．論理式でいうと次のようなものです．

$$\overline{A} \wedge \overline{B} = \overline{A \vee B} \qquad \overline{A} \vee \overline{B} = \overline{A \wedge B}$$

そして複雑な思考の順序を数学でも解くように，電子回路で作り上げることができるのです．

2進法

話変わって，デジタル機器の多くはパソコンのような計算処理機能を持っていますが，その代表格に電卓があります．計算処理は「演算」とも呼ばれます．

デジタルの演算は私たちが普段使っている10進法でなく，2進法を使うところがミソです．2進法ではどんなに大きなものでも「1」と「0」の組み合わせで表現します．いままで説明してきたように，ゲートの真理値表は「1」か「0」で構成されており，この「1」と「0」を使うところが2進法の演算にも

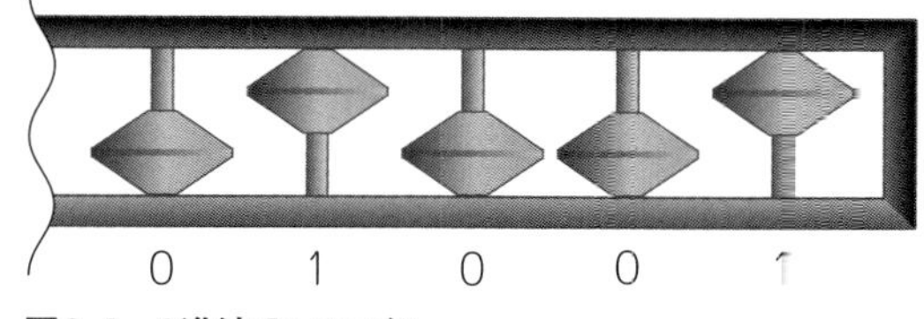

図3-6　2進法のソロバン

相性が良いものになっています．

2進法についての蘊蓄（うんちく）を少しばかり傾けてみましょう．

まず10進数198を筆算で2進数に変換してみます．図3-5に細かくその手順を書きました．2進法で11000110です．これを「千百万,百十」と読んではいけません．その読み方が10進法だからです．「イチ・イチ・レイ・レイ・レイ・イチ・イチ・レイ」と読みます．慣れない計算ですが，技術計算用の電卓なら即座に計算できます．

198（11000110）を2で割ると99ですがこの2進数は図3-5を見るまでもなく1100011です．198と99とは，10進法に慣れた私たちにとっては簡単な関係ですが，2進法の計算では，一番右にある0がなくなって右に1桁シフトしただけです．

2で割る演算を事例に挙げましたが，ゲートによる演算なら，簡単にコンピュータが自作できそうですね．

さて身近な2進数を10進数に変換することを覚えておきましょう．右から左に読むのですが，「イチ」，「ニー」，「ヨン」，「パー」と覚えます．ですから0101は右から3つ目の「4」と右から1つ目の「1」で，加えて10進の「5」です．1010は左に1桁シフトしたものなので，10進では「10」ですが，コンピュータのメモリを表現するときには，10～15までを「A」～「F」と表現しています．ついでに復習しますと，1010は10進の10ですから，いま述べたように10を2で割った結果，右に1桁シフトして0101となり，10進の5になりました．

お遊びになりますが，2進法のソロバンを考えてみました．

図3-6は2進法のために考案したソロバンの一

部です．図では01001という2進数を示しています．これに00101という2進数を加える計算をさせてみましょう．

どの桁から計算を始めても結構です．一番下の位から始めてみます．すでに1が入っていますから，あらたに1を加えると桁が1つ繰り上がって，この位は0に戻ります．

下から2つ目には，はじめに0が入っていたから繰り上がった1が残り，もう繰り上がることはありません．下から3つ目の位は，はじめに0があり加える00101のまん中の1が加わり，1が残ります．ここもこれ以上繰り上がりません．下から4桁目の計算はいままでと同様のやり方で1になり，そのうえの桁も同様に0のままです．

結局ソロバンで操作した結果は，01110となります．

参考になると思いますが，2進法のソロバンは，1桁当たりに珠(たま)が1個です．

1が加えられると1桁繰り上がるからです．もし5進法のソロバンを作るとなると，1桁当たり，5より1だけ少ない4個の珠(たま)があればよいことになります．だから私たちが普段使う10進法のソロバンは，上段に5を示す珠(たま)が1個と下段に4個，合わせて9個に相当する珠(たま)があるのですね．

コンピュータ型のデジタル回路で行われている頭脳的な作業の整理

この章の冒頭に述べたように，この章では，コンピュータ型のデジタル回路で行われている頭脳的な作業を理解することでした．

コンピュータ型のデジタル回路には，3つの基本回路（ゲート）があり，それらが互いに機能しあって条件比較や判断を実行していることを垣間見てきました．また，数値の計算には2進法が使われていることも見てきました．

これらの頭脳的な働きは，人間の頭の働きに通じるものがあります．

図3-7は，頭の働きをイラストにまとめてみたものです．基礎となるのは山のすそ野にある「記憶力」，次に記憶したデータがどのようなものか分かる「理解力」，それから，ではどうするかという「判断力」，そして人間にしか持ち合わせない「創造力」，この4つです．他にも意見はあると思いますが，筆者はいつもこの4つを基準に考えています．

記憶力は猿にも豚にもあります．鶏は3歩も歩くと忘れてしまうとばかにされていますが，基本的には誰にもあるものです．

ともかく人の頭の働きは広いすそ野に当たる「記憶力」がベースになっており，コンピュータ型のデジタル回路の頭脳の働きも「記憶」がベースになっています．

人間の脳の神経細胞（脳細胞）は140億個あるそうですが（出典：NHKの早朝番組“健康ライフ”），その中で記憶や理解，判断を実行しているようです．デジタル回路の記憶域は外部の機器としてハードディスクやUSBメモリがありますが，内蔵されているメモリとしてRAMやROMがあります．RAM（Random Access Memory）はちょっとの間だけ記憶できればあとは忘れてもよいような，一時記憶として使われ，ROM（Read Only Memory）は人間の心臓が拍動するように，書き換えられないような記憶をつかさどっているものです．

記憶力の上位にある理解力と判断力によって人は行動します．デジタル回路もこの領域で論理回路によって理解，判断に結び付ける行動をし，2進法による計算もします．

まさに人間の頭の働きに通じるものがあります．

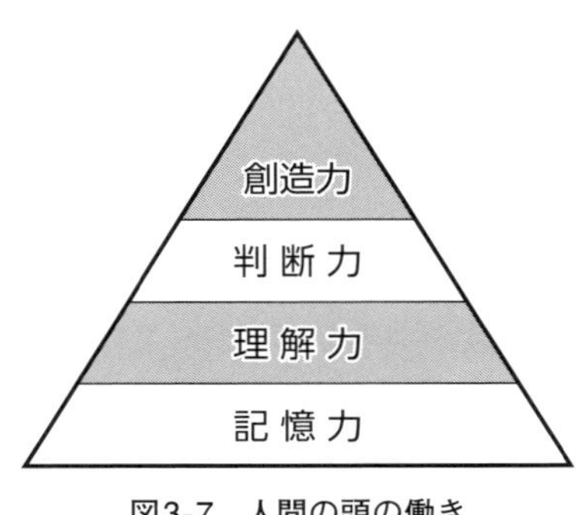

図3-7　人間の頭の働き

デジタル化の魁(さきがけ)＝時計

世の中のデジタル化を引っ張ってきたものが時計です．時計の今昔をひもときながらデジタル化の流れを考えます．

はじめに「物理量」というものを考えます

計測器で大きさが図れるもの，例えば長さ，重さ，時間，電流などを物理量と呼びます．物理量にはそれぞれに適した単位があり，長さはメートル，重さはキログラム，時間は秒，そして電流はアンペアです．

これらの単位は国際的に統一され，各国間でも共通の解釈が得られるように定義されています．例えば「メートル」は，昔は「地球の子午線の長さの1/40,000,000」と定義されましたが，非常にあいまいでした．その後世界共通の「メートル原器」ができ，これが1mだという具体的なサンプルになって長さの定義に国境がなくなりました．

しかし寸法の精度からいうとまだまだ誤差があり，1983年に光の速さを基準にした定義に変わりました．定義は素晴らしく精密なものになりましたが，その測定方法はとても難しいものに変わりました．

重さの単位「キログラム」は原器を作り，これを管理することによって世界共通の定義が出来上がっています．

電流「アンペア」の定義は非常に難しいもので，ここでは難しいということだけを知っていただくことにします．

そして「時間・秒」を考えます

時間「秒」の定義は，1960年までは，「1日の1/86,400を1秒とする」でした．

その1日とは「平均太陽日」と呼ばれ，地球の自転周期を基準にしたものです．

平均太陽日を知らなくても1日を24時間としてこれを秒で表せば，86,400秒になります．1960年（昭和35年）にはこれを公転周期に改め，「1太陽年の1/31,556,925.9747を1秒とする」となっています．ちなみに31,556,925.9747を86,4000で割れば365.242となり，年間の365日に相当することが分かります．

現在の秒の定義は^{133}Cs（セシウム133）の放射周期で表現したものになっており，この原子振動にあわせた水晶時計を原器としています．これは300年に1秒しか狂わないといわれています．定義も難しいものになっていますが，この原器を作るのも高度な技術を必要とするものになっています．

しかし，正確な時刻を知ろうとすれば　この定義に立ち戻らなくても，標準周波数局が発射する電波によって正確な時刻を知ることができる世の中になっています．この電波こそ時間の「原器」といえます．

この電波を利用する時計は，もはやデジタルの世界です．

正確に時を刻む時計・電波時計

時計の使命は「今の時刻を正確に表示すること」です．忠実にこの使命を果たす筆頭は電波時計ですが，表示はともかく，時計本体はまぎれもなくデジタル機器です.

電波時計は電波を応用した機器ですから，ハムの皆さんには少なからず興味があるテーマのはずです．正確な電波は標準電波によって送信されています.

ハムのOMさんたちは，標準電波というと決まって10MHzや15MHzの周波数を思い起こすでしょうが，今は長波帯が使われています．短波帯による送信は2001年に終了しました.

そもそも標準電波というものは，周波数の標準として誰にでも利用できるように，極めて正確な標準周波数（$\pm 1 \times 10^{-12}$）で発射されている電波です.

現在の標準周波数局は**表4-1**に示すように2局あり，電波時計やさまざまな分野で活用されています．呼び出し符号はJJYです．**表4-1**の「おおたかどや山」という名前に当惑すると思いますが，漢字では「大鷹鳥谷山」です．2局とも高い山の頂上付近に200mとか250mの傘型（トップローディング）アンテナから送信されており，まさにこれぞアンテナといった威容を誇っています.

表4-1　標準電波（電波時計）の運用状況

標準周波数局の諸元		
呼出符号	JJY（標準周波数局）	
送信所	おおたかどや山標準電波送信所　1999-06-10開局	
	福島県田村市	北緯37度22分，東経140度51分
	アンテナ	傘型250m高
	周波数	40kHz
	はがね山標準電波送信所　2001-10-01開局	
	佐賀県佐賀市	北緯33度28分，東経130度11分
	アンテナ	傘型200m高
	周波数	60kHz
	共通事項	
	空中線電力	50kW
	電波型式	A1B
	変調波	1Hz（秒信号）
	周波数精度	最大100%，最小10%（呼出符号の送信時を除く）
	周波数精度	$\pm 1 \times 10^{-12}$

おおたかどや山およびはがね山からの電界強度は，東京都で70数dB（μV/m）および60dB（μV/m）と予測され，福岡県では約60dB（μV/m）および約90dB（μV/m）と報告されています．現在日本で受信できる世界の標準周波数報時局の例を**表4-2**に示しました.

この表はJARL（日本アマチュア無線連盟）のWebサイトを参考にしました．長波帯の局は日本の他にもいろいろありますが，日本で受信できるとなるとJJYに限られそうです.

長波帯の受信，特にそのアンテナはハムにとって興味の対象となると思われます.

写真4-1に市販されている電波時計を紹介します．使い方はいたって簡単です．はじめて使うときや電池を交換したときは「resetボタン」を押しておけば標準周波数局から電波を受信している様子が表示され，気が付かない間に正確な時刻表示

表4-2　標準周波数報時局の例

送信国	識別信号	周波数	空中線電力
日本	JJY	40kHz	50kW
日本	JJY	60kHz	50kW
中国	BPM	2.5MH	10kW
		5MHz	20kW
		10MHz	20kW
		15MHz	20kW
台湾	BSF	5.15MHz	2kW
韓国	HLA	5MHz	2kW
ロシア モスクワ	RWM	4.996MHz	5kW
		9.996MHz	5kW
		14.996MHz	8kW
米国 コロラド	WWV	2.5MHz	2.5kW
		5MHz	10kW
		10MHz	10kW
		15MHz	10kW
		20MHz	2.5kW
米国 ハワイ	WWVH	2.5MHz	5kW
		5MHz	10kW
		10MHz	10kW
		15MHz	10kW

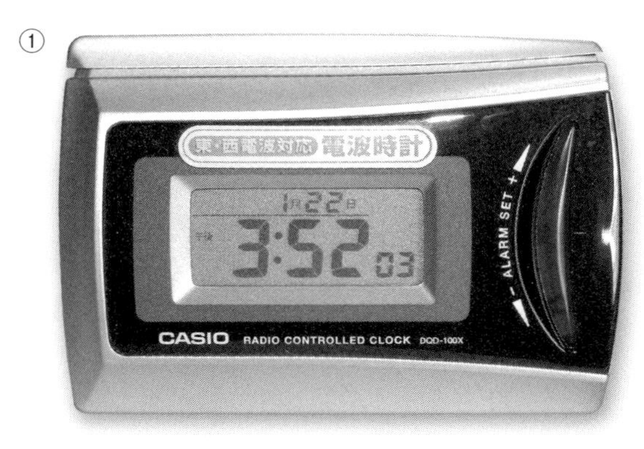

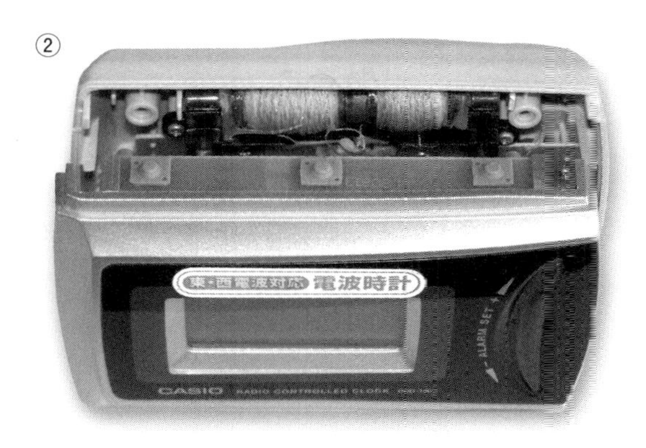

写真4-1　電波時計

になっています．日付も自動でセットされます．

写真4-1の②は受信アンテナを見るために蓋(ふた)を開いたものですが，よくぞこんな小さなアンテナで受信できるものだと感心させられます．ただし，これで驚いてはいけません．腕時計タイプの電波時計もあるのだから「よく頑張っているね」と声をかけてやりましょう．電波時計は工作キットとしても販売されています．

もう1つの正確な時計・商用電源の周波数をカウントする時計

正確に時を刻む時計には商用電源の周波数をカウントする時計もあります．

この時計の原理もユニークです．

商用電源というのは家庭に入っている電力会社から供給され，月々電気代を払っている電源のことです．この周波数は日本では50Hzと60Hzの2種類あります．

周波数は2種類あっても，工業製品の製造工程の安定性を確保するため，高精度に管理されています．例えば，50Hz地域では，50±0.2Hzとか50±0.3Hz以内に，また60Hz地域では60±0.2Hz以内に抑えられます．さらに1日に出力される「鼓動」の数はぴったり±0に抑えられているので，非常に正確な時計ができあがります［出典：電気学会技術報告「電力系統における常時および緊急時の負荷周波数制御」（平14-3）］．

この時計のメカニズムは，秒をカウントして累積された現在時刻を表示するしくみになっており，電波時計なみに正確無比ですが，電波時計に比べるとはるかに簡単なカウンタ時計です．停電したときだけ時刻を修正してやればよい身近な（デジタル）時計です．

時計の中のさまざまな機能を分析してみる

「時」の定義を理解し，正確に時を刻むすぐれた時計をおさらいしたところで，世の中の時計というものを，まとめて掘り下げてみることにします．

図4-1（p.30）は時計を構成するいろいろな機能を分析して図にまとめたものです．

図の一番上に書いたように，時計の中ではまず基準になる時間ユニットを作ることから始め，それを加工し，表示するという順番に作業が行われます．

時間ユニットというのは，時計の中の「時間の原器」のことです．メカ式の時計であれば例えば1秒ごとにカチカチと振動するからくりのこと，電子式の時計であれば1秒周期で振動する電気的な発振器のことです．

このからくりや発振器の周波数は正確でなければなりません．先述した電波時計や商用周波数を

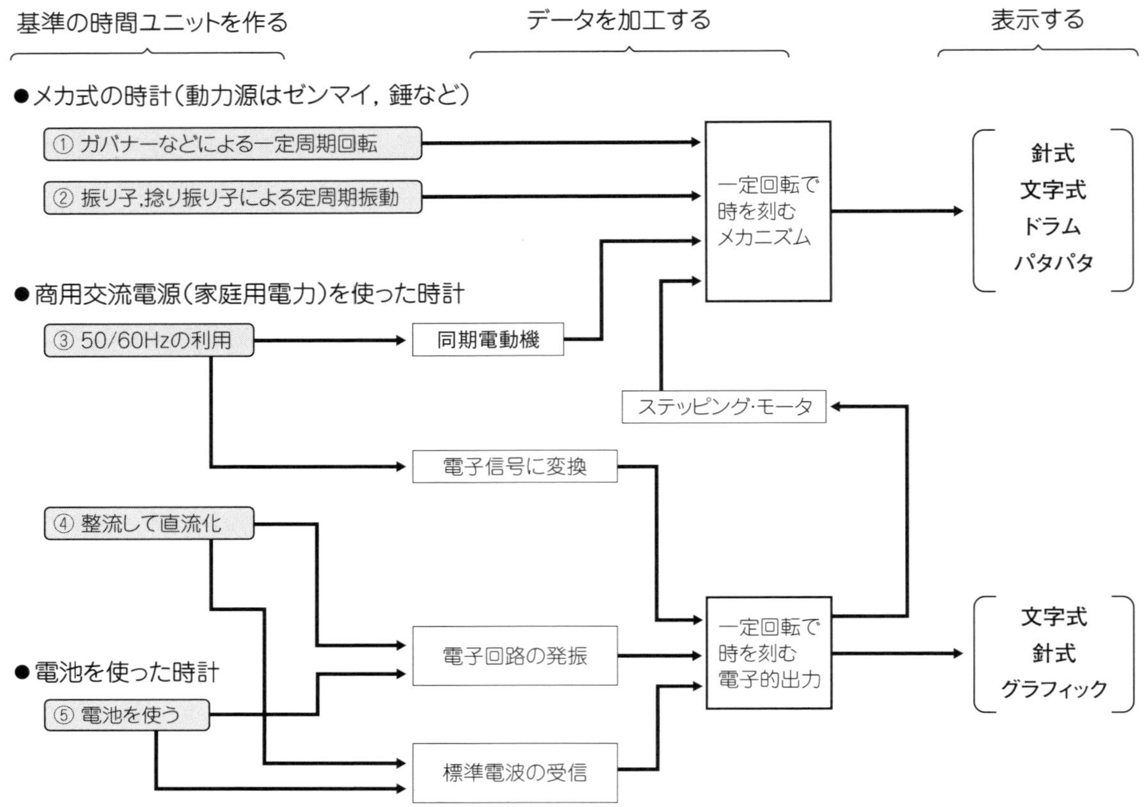

基準の時間ユニットを作る
データを加工する
表示する

●メカ式の時計(動力源はゼンマイ，錘など)
① ガバナーなどによる一定周期回転
② 振り子，捻り振り子による定周期振動
一定回転で時を刻むメカニズム
針式
文字式
ドラム
パタパタ

●商用交流電源(家庭用電力)を使った時計
③ 50/60Hzの利用
同期電動機
ステッピング・モータ
電子信号に変換
④ 整流して直流化
電子回路の発振
一定回転で時を刻む電子的出力
文字式
針式
グラフィック

●電池を使った時計
⑤ 電池を使う
標準電波の受信

図4-1　時計の中のさまざまな機能(ブロック図)

利用した時計は，正確な周波数原器を利用しているので心配無用ですが，これ以外の時計の時間ユニットには誤差があり，時計として時刻表示されたときには，遅れや進みがあります．

したがって実際に表示される時刻を，ラジオの時報などによって微調整する調節器が付いています．

時間ユニットを作るしくみやその加工の流れはメカ式か電子式かによっても異なり，**図4-1**には①～⑤で分類しました．図の矢印に従って流れを追ってみれば，時計の中のさまざまな機能の絡み合いが理解できることでしょう．

①や②からスタートした機能の流れは右端の表示のところで，針式，文字式，…となっていますが，③～⑤でスタートした機能の流れは①や②の表示と合流するものと，文字式，針式，…というように文字式が先行するものとに分かれます．

第1章の**写真4-1**に示した「振り子の付いた電波時計」は⑤に属するのでしょうか．外観はアナログ時計で実質はデジタル時計の事例です．

時計の中で時間ユニットを作る技術は非常に興味あるもので，特にメカ式のものは知恵と精密技術の粋でできています．もっと知りたい技術ですが，この後に述べる振り子の解説にとどめることにします．

従来の(アナログ)時計の代表格「振り子時計」

メカ式で基準の時間を作るためには，正確に毎秒何回転か保証できるような，一定速度回転の歯車か，振り子を必要とします．

振り子にもぶらんこのように，垂れ下がった錘(おもり)

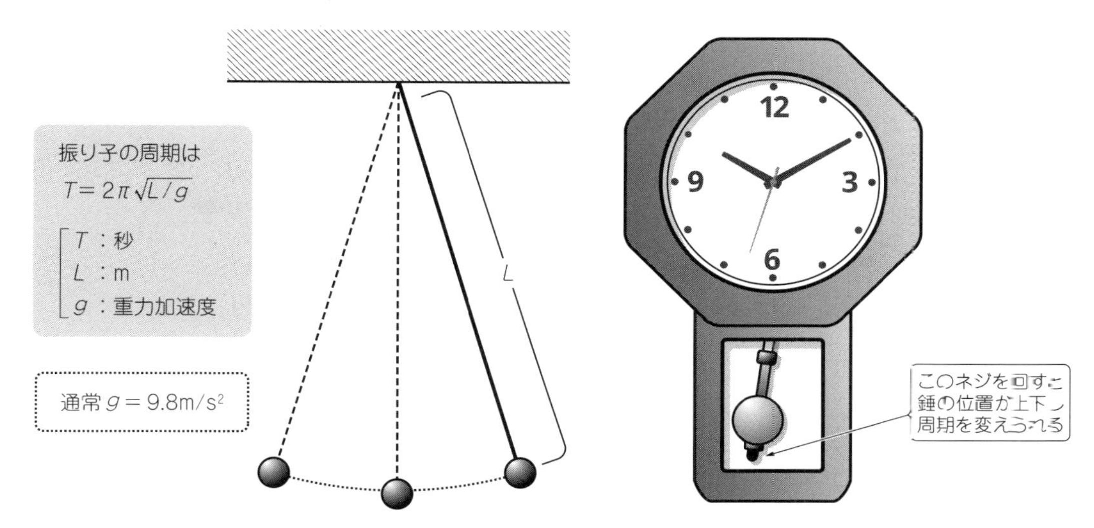

図4-2　振り子の周期とその微調整

をブランブランと左右に振るぶらんこ方式と，垂直の軸を中心に右や左にねじったような回転を繰り返すねじり振り子方式とがあります．

ぶらんこ方式の振り子は，**図4-2**に示すように重力加速度によって周期が変わります．

重力加速度は，物体と地球が引き合う「万有引力」と，地球の自転による「遠心力」が地球の外側に向かってその物体の重さを軽くするような力との差をいいます．

「遠心力」は地球の回転軸からの距離によって変わるので，言い換えれば地球の緯度によって変わります．遠心力は引力の約1/300です．

この理屈については高校の物理の教科書でも紹介されています(高校物理Ⅱ，数研出版)．

重ねて言いますと，ぶらんこ方式の振り子は緯度によって周期が変わります．つまり，どの地域にいるかによって振り子の長さを調節しなければなりません．

このため，**図4-2**の中に紹介したように，振り子の先端にあるネジを回転させ，振り子の長さを調節できるようになっています．

なお，振り子式でない時計には，スプリングで細かく時を刻むからくりが用いられており，機械技術の粋が凝縮されています．腕時計のメカニズムには特に驚かされます．

ボーンボーンと時刻を知らせるからくりや，腕時計のぜんまいを腕の動きで自動的に行う「自動巻き」も見て楽しいものです．

ユニークなメカ式の表示装置

図4-1に紹介したように，表示方式はいろいろあります．本体がメカ式の時計の多くは針式ですが，マイナーながら文字式もあります．文字式には電子式のものも考えられますが，本体がメカであるついでにメカ式の文字表示があり，ユニークなものがあります．

若干昔の話になりますが，ドラム式とパタパタ式を紹介します．どちらも従来メカの延長上にあり，アナログ系なのに時計という商品は，デジタルの部類です．

ドラム式というのは昔のテープ・レコーダーのカウンタという表現がぴったりなのですが，似たものに交通量調査に使うプッシュプッシュ式のカウンタがあります．

ここではパタパタ式の原理を説明しましょう．

図4-3(p.32)は左が正面図，右が動作説明のための断面図です．この方式は空港で飛行便の発着

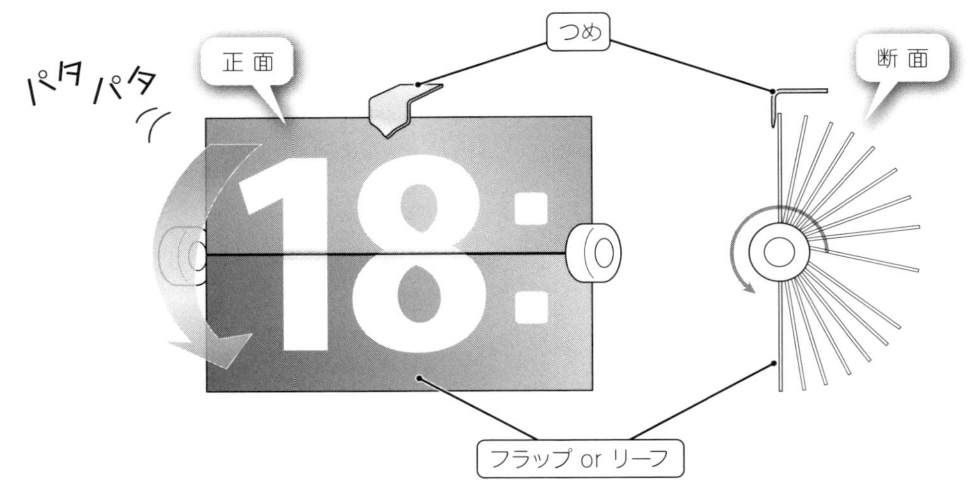

図4-3　パタパタ時計のからくり

時刻や行く先表示の装置に使われたものです．ステッピング・モータや同期電動機を使い，時間の表示と分の表示に，それぞれ12枚（または24枚）と60枚の薄い板を使って表示させるメカニズムになっています．この薄い板はフラップとかリーフと呼ばれます．フラップは飛行機の主翼の後部についている小さな翼，リーフは木の葉っぱのことです．

フラップの端はピン状になっており，中心となる円筒のボビンの穴に，自由に回転するように，放射状に取り付けられています．断面図から分かるように，ボビンが矢印のように回るとフラップはそれにつれて次々に回るようになるのですが，図の「つめ」で，本のページを1枚ずつめくるときのように引っかかり，フラップに書かれた文字が正面から見えるよう停止状態になります．

同期電動機やステップ・モータの動力で円筒が徐々に回転していくと，引っかかって止まっていたフラップの1枚が「つめ」をかいくぐるようにはずれ，次の1枚が交代する形でさっきと同じように停止状態になります．

正面図の例では，「18」が表示されていますが，1枚めくられると「19」になります．ですから「18」の上半分のフラップの裏には「19」の下半分が書かれており，新しく上半分になったフラップには「19」の上半分が書かれていることになります．

「つめ」が外れるタイミングは非常に重要で，時間に同期して正確でなければならず，構造は設計者の知恵が盛り込まれた緻密なものになっています．

パタパタというのは，フラップがめくれるときの音を表したもので，英語では「Flip」と呼んでいます．

インターネットに紹介されているある商品にはアナログクロックという商品名が付けられています．

時計のデジタル化の流れ

時計のデジタル化は，ICの進歩やディスプレイの進化とともに急速に進みました．そして，ICの高密度化や省電力化やディスプレイの開発に貢献しました．まさにこの章のタイトルである「デジタル化の魁（さきがけ）」の役割を演じてきました．

時計のデジタル回路は，デジタルICの元祖であるTTL（Transistor-Transistor-Logic）と呼ばれるファミリーによって切り開かれ，消費電力の少ないCMOSファミリーに引き継がれました．またディスプレイは蛍光表示管やLEDに始まり，やはり消費電力の少ない液晶へと引き継がれています．このようにデジタルICをふんだんに使いながら，第1章で紹介したような「大きなノッポの古時計」は，外面はアナログ，内面はデジタルという複雑な呼ばれ方をすることになっています．

時計単体としてはこのような流れになっていますが，そもそもデジタル回路を動かす心臓部の周波数は「クロック周波数」と呼ばれているほどで，現在流通しているデジタルの電子機器は，時計やタイマーの機能とは相性抜群といえそうです．

Column ❸ 時報のこと

時刻を知るだけなら，手元に時計がある必要はありません．

地方自治体で防災行政無線による広報システムが整備されている自治体では，特定の時刻に音楽やサイレンを鳴らして時報を流すところがあります．

その昔はお昼（正午）に大砲が空砲で鳴ることもあったようです．その大砲は午砲と呼ばれました．通称「ドン」です．

音楽の方は，「家路」，「赤とんぼ」，「故郷」，「夕焼け小焼け」などです．

時刻を正確に知る方法は，放送局などメディアの時報を聞くことや電話の「117番」を聞くことなどがあります．

放送局の時報は通常毎時0分0秒になりますが，朝の忙しいときにはテレビ画面の一部を割いて「8:00」などの文字表示もサービスされていて便利です．

ラジオ局の時報は局によって異なりますが，NHKの場合は，3秒前からプッ，プッ，プッという予報音が鳴り，そのあとで時刻を知らせるピーッ音が鳴ります．3秒前から鳴る予報音は440Hzで，正報音は880Hzの正弦波です．ピアノの「ラ」の音ですね．

時刻を電波で知らせる代表格は本文でも解説した「標準電波」ですが，この場合は立派な時計として利用されているので，冒頭に述べたような「手元に時計がある必要はありません」という話題には向いていません．

電話の「117番」でも正確な時刻が分かります．「117番」の電話では，10秒単位で「○時○分○十秒をお知らせします」というナレーションの後にピー音が鳴ってその時刻を知らせてくれます．毎時30秒や0秒の前にはプッ，プッ，プッという予報音が鳴り，その後で時刻を知らせるピーッ音が鳴るようになっています．手元に時計がないときは便利で正確な報時システムといえます．

最近の話題として世界的に珍しい「閏秒（うるう）」というものがありました．

電波の時刻が正確であるといっても，世界の単位の標準として決めた「セシウム時刻」との間に，まだ埋めなければならないギャップがあるのですねえ．

この瞬間の時報は，通常ならば○時59秒の1秒後に次の○＋1時が報じられるところ，○時60秒というのが入って次の○＋1時が報じられました．

時報のパネルに向かってカメラにおさめる人が大勢いました．

人間には「体内時計」があるそうです．体内時計は1日周期で時を刻む時計で，人の意識にはありませんが，体のさまざまな生体リズムを調節してくれるものだといいます．その中心は脳の視交叉上核（しこうさ）という部位にあるという．ほぼ全ての臓器にも体内時計があり，脳の体内時計から指令を受けていると解説されています．

〈出典：武田薬品工業株式会社の体内時計.jp〉

第5章 CDプレーヤー

CD(コンパクト・ディスク)と呼ばれる円盤(ディスク)には，音楽だけでなくパソコンなどのデジタル・データも保存されます．

音楽を再生する装置は「CDプレーヤー」と呼ばれ，(アナログの)レコード・プレーヤーが発展して生まれた(デジタルの)音楽プレーヤーです．したがって「CDプレーヤー」と「レコード・プレーヤー」は互いに対義語(反対語，対極語)の関係にあります．

パソコンなどのデジタル・データを読み出す装置は「CDドライブ」と呼ばれますが，デジタル・データを保存する周辺機器として開発されたため，対義語に相当するアナログの装置がありません．

この章では，音楽などのアナログ・データをなぜ，どのようにして，デジタル・データに変換するのか，CDプレーヤーの世界を重点的に解説しますが，ディスクからデジタルのデータを読み出す(プレーヤーやドライブの)メカニズムは共通なので，そのへんから解説を始めることにします．

また理解を助けるために，第2章の「コンピュータ型のデジタル・データ」と「CD型のデジタル・データ」のところをもう一度読み返して予備知識を深めていただきたいと思います．

ディスクへの記録のしかた

いま述べたように，まずプレーヤーやドライブの共通事項である原理とメカニズムについて解説します．

アナログのデータとデジタルのデータがどのようなものかは，第2章の図2-3と図2-4ですでに学習してきました．また，LPレコードの盤に音楽の(アナログ)データが記録される方法も，すでに第2章で見てきました．

第2章の図2-4に示すようなデジタル・データの記録方法も同じように考えればよいわけです．

デジタル・データを盤に書き込むときには，はじめに「親の型」を作ります．

レーザ光を使って信号がONレベルのときとOFFレベルのときとで盤に穴があるかないかで区別できるよう盤への「穴開け」を行います．

レーザで開ける「穴」は「底のある穴」(＝くぼみ)で「ピット」と呼ばれ，これを「親の型」とし，成型して「子供」の盤を作るときには「穴」が「突起」に生まれ変わります(成型というのは材料を「型」に流し込んで造形することで凸凹が入れ替わります)．穴(ピット)を下から見上げた「突起」の様子を**図5-1**に示します．

図は盤を直径の方向に切って，ピットの状態が分かるように断面図にしたものです．

盤の厚さは1.2mm，(レコードの溝に相当する)トラックの間隔は1.6μmで，トラックに沿って突起部が並んでおり，長さはデータによっていろいろあります．

この後，読み取りについて紹介します．

ディスクからの読み取り方

図5-1で見たように，プラスチックでできた盤の上にアルミニウムの反射膜を付けておき，データに応じてこれに突起部を付けるのがディスクへ

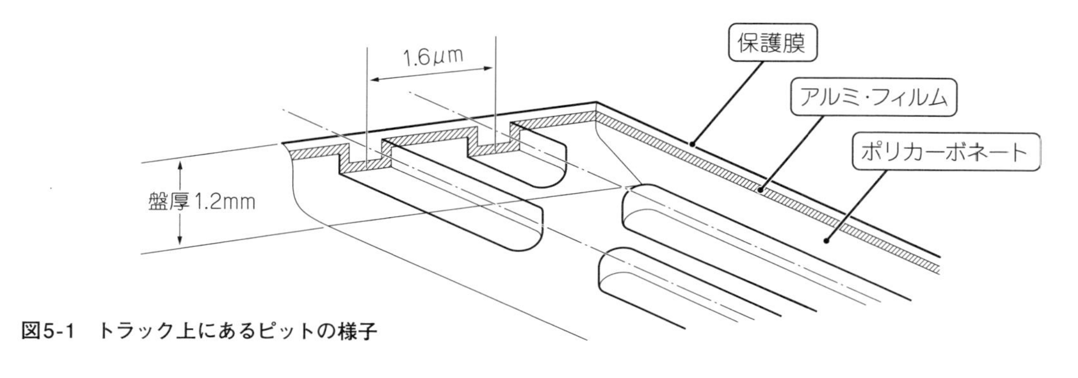

図5-1　トラック上にあるピットの様子

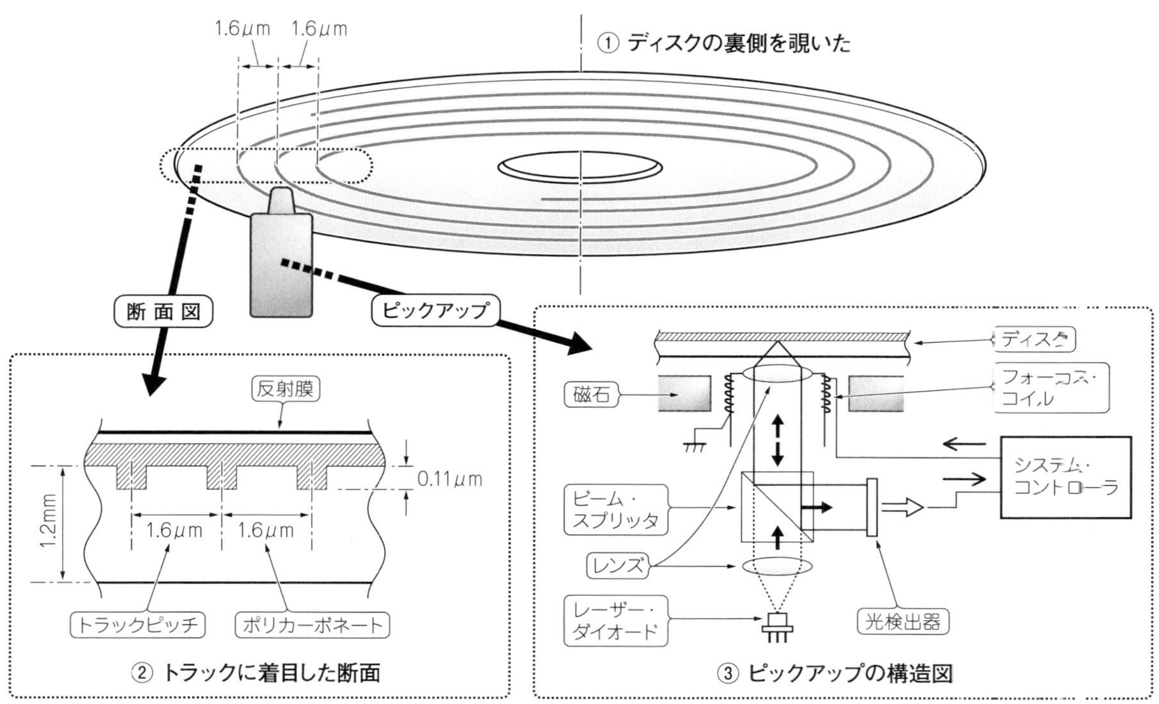

図5-2　ディスクのトラックやピックアップの構造

の書き込みでした．

読み取るときには，検出されたレーザの反射光の状態によって突起部の有無やその長さを知って1か0の並び具合を取得することになります．

図5-2に読み取りのメカニズムを絵にしました．①にディスクの裏側（ラベルの反対側）をイラストにしました．回転によってピックアップがなぞるトラック（LPレコードでいう音溝）はらせん状になっており，内周部からスタートします．トラック幅は1.6μmでその部分の断面図を②に示しました．水筒のような絵の部品がピックアップで，内周から外周に向かって精密モータで移動します．ピックアップは3軸でサーボによる精密なコントロールがなされています．

そしてピックアップの内部を③に示しました．レーザ・ダイオードから放射されたビームはディスクにあたり，ピットの有無を検出して反射され，ビーム・スプリッタで90°向きを変えて光検出器に到達します．ここでデジタル信号の1と0の並び方（データ）が取得されます．システム・コントローラでは，光の情報の一部を使ってピックアップの焦点調節用のサーボ信号を帰還させています．

図の詳細まで覚える必要はありませんが，トラック幅の1.6μmといい，いろいろな機能がピックアップの内部にぎっしり詰まっていることといい，微細なメカのコントロールなど，素晴らしい技術がたっぷり使われている凄さに感心していただきたいものです．

なぜアナログをデジタルに変換するのでしょうか

ここからはCDプレーヤー固有の話になります．アナログをデジタルに変換する最大の理由は直後に述べるダイナミックレンジを確保するためです．

アナログの場合，暗闇で針が落ちたような小さな音からジェット機のような轟音(ごうおん)まで，振幅に応じて忠実に音溝に刻むためには，音の大きさの幅（ダイナミックレンジ）に追随できる技術を必要とします．

近年までビデオ・ディスクの主流の座にあったLDは，アナログでありながらレーザ光線を使って膨大な情報量を処理する技術を使っていますが，このような技術を使えなかったLPの時代には，レコード盤の材質やピックアップの特性を極限にまで高めてダイナミックレンジを広げる努力を続けてきました．それでも実際にレコードを聞くと針の音（スクラッチ・ノイズ）が耳につくものです．

もし一瞬一瞬の音の大きさが1か0だけのデジタルで表現されたとしたら，ダイナミックレンジを気にすることなく，1か0だけの大きさで記録できることになります．

1か0かを記録し読み取るのは，レーザを使った精密加工技術によれば可能です．

1や0以外の信号は無視されるので，ノイズの混入を心配する必要もありません．

このように信頼性の高い記録ができることがアナログをデジタルに変換する理由です．

一瞬一瞬の音の大きさが1か0だけのデジタルで表現されたとしたら，…とサラリといいましたが，実はこれが大変な技術を要することなのです．

現在ではその技術が達成されているからできることなのです．

アナログ信号をデジタル化し，記録して再生する

この章のハイライトとなる「アナログ信号のデジタル化」について解説します．

図5-3に，アナログ信号をデジタル化し，再びそのデジタル符号をアナログ信号に復元させるステップを紹介しました．①はアナログ値の時間変化を表すグラフです．第2章の図2-3を思い起こしてください．②はA-D変換を行ってこのアナログ値をデジタル値に変換したものです．これは第2章の図2-4を思い起こしてください．①のアナログ音源をA-D変換によってCDの盤に記録した状態です．そして③はCDに記録された②のデジタル値をD-A変換してアナログ値に戻したものです．ゆくゆく説明しますが，この③は実は①と同じアナログのグラフで，①と同じグラフであることを期待しているものです．

階段状になっているところが気になるでしょうが，**図5-3**はそのような図です．

さて①は時間とともに変化するアナログ値ですが，これをデジタル値に変換するにはまずグラフの中に書き込んだように，時間（時刻）をt_1，t_2，t_3という短い等間隔で区切り，それぞれに対応する大きさをA_1，A_2，A_3とします．t_1やt_2の間隔が長ければ③で再生したときに階段が広くなって初めの①の音からはほど遠くなり，CDの音どころではなくなることは容易に想像できます．もう少し説明を続けます．

t_1やt_2の区切り間隔で繰り返す周波数のことを「サンプリング周波数」と呼んでいます．

サンプリング周波数は高ければ高いほど区切り間隔が短くなって，③のグラフはなめらかな①のカーブに近づきます．

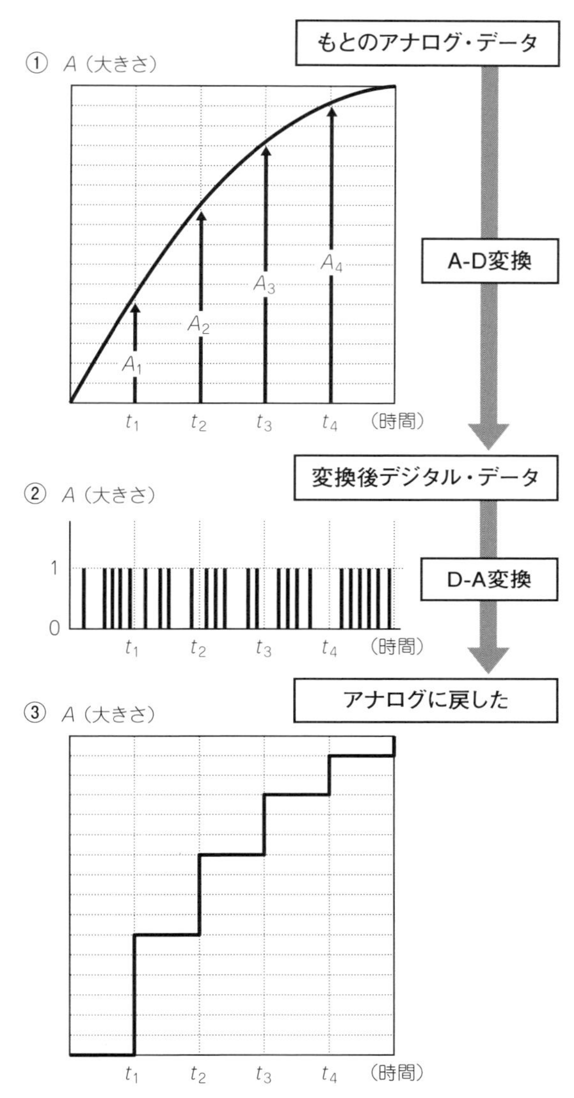

図5-3　アナログ→デジタル→アナログ

次にやることは，時刻 t_1 のアナログ値の大きさ A_1 を測り，その値を2進数に変換することです．全て回路が自動で行うよう設計されています．大きさはアナログであれば10進数で表現するのが自然ですが，これを盤に刻むために2進数に変換するのです．

10進数の大きさを2進数で表現する方法は，すでに第3章の「2進数」のところで学習済みですね．この2進数を時刻 t_1，t_2，t_3 のところに展開したものが図の②です．

この結果，サンプリング周波数で区切られた時刻ごとのアナログ値の大きさが2進数で表現され，これをCDの盤上に書き込むとデジタルCDができあがります．

その次の段階では，書き込まれたCDの盤から（2進数の）大きさを読み出し，その値を（10進数に）デジタル→アナログ変換して③のグラフを作り出します．

このグラフのような音を聞くことになるのですが，これで音？ と言われそうですね．

本当はこの③のグラフは①と同じものを期待しているのですが，そのようにするためには2つのことが要求されます．

先ほど「サンプリング周波数は高ければ高いほどなめらかな①のカーブに近づきます」といいましたが，これがその1つです．時間間隔が短いほどなめらかなアナログ値が再現できることは直感でも分かりますよね．

もう1つは，A_1，A_2，A_3 などの大きさを測る物差しの目が細かいほどなめらかなアナログ値が再現できるのです．2進数でいうと何桁まで（何ビットまで）求めるかが重要な要素となり，これを「量子化のビット数」と呼んでいます．

言い換えると，①の時間軸と大きさの軸をできるだけ細かく測ることが，③を①に近づけることになるのです．

このようにしてまでデジタルで記録してそれを再生する必要性は，先述したダイナミックレンジなどを飛躍的に改善したり，レコード・プレーヤーにあるようなスクラッチ・ノイズ（針のノイズ）を劇的に減らしたりできるという（アナログの）LPにはない性能が得られるからです．

もう一度確認しましょう．「量子化のビット数」を大きく，「サンプリング周波数」を高く設定しておかなければ，復元したアナログ信号はとんでもないものになってしまうということです．

アナログ量をデジタル化してCDの盤に記録し再生するには，量子化のビット数とサンプリング周波数の併せワザでその質が保たれているのです.

なお付け加えておきますが，デジタル化した信号を盤に記録するときには，データだけでなく，「アクセスのための番地符号」や「誤り訂正のための制御信号」などデジタル化で作られた符号以外のデータも同時に書き込まれます.

なお，またもう1つ付け加えておきます．①の曲線に限りなく近い③のグラフが得られたとしても，細かく見ればやっぱり「階段状」になっているから，なめらかとは言えないのではないか？ との疑問を感じる人もいることでしょう．でも安心してください.

人間の耳には素晴らしいアナログ音として聞こえる範囲には達しているからです.

デジタル化された盤の評価

原理についてはいま見てきたとおりですが，今度はその機能や性能を見てみます.

図5-4を見てください．①は音楽や音声をマイクロホンとアンプを通してスピーカで聞く姿を表したものです．題して「ダイレクト」としました.

②はCDプレーヤーの信号の流れを表したものです．中央の円盤のマークがCDの盤です.

私たちがCDの音楽を楽しむのは，この盤より

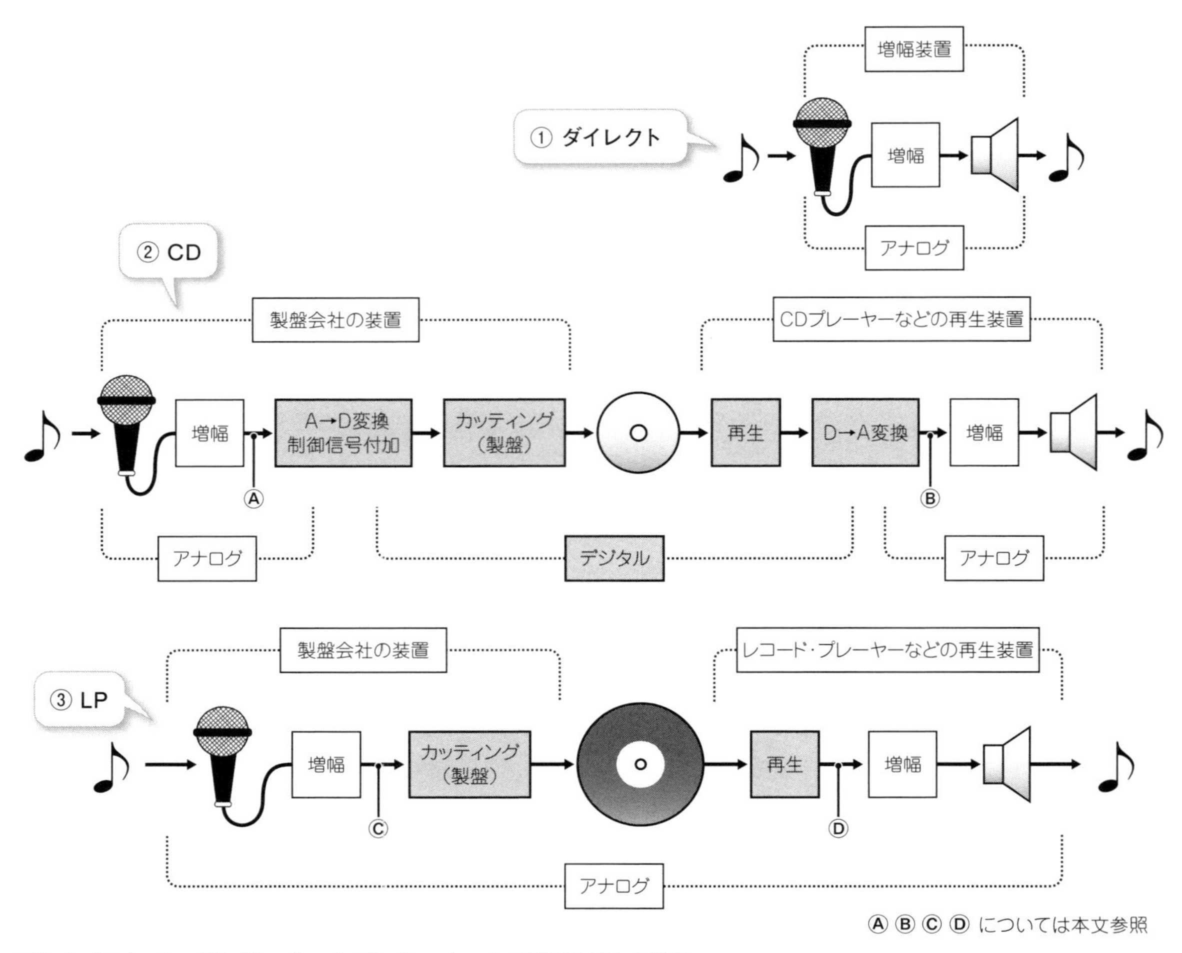

図5-4　LP（アナログ）プレーヤーとCDプレーヤーとの機能の流れの比較

右側の部分ですが，CDが盤にされるまでの工程はこの盤より左側の流れになります．

③に従来のLPレコードの場合を②と比較できる形に描いてみました．

②の場合も③の場合も，CDやLPなどの盤を介さない①のような音を聞くことができれば最高なのですが，間に「盤に蓄える」という工程が入っている分だけ①の音より劣化した音になっているはずです．

図5-4の③LPの場合は，Ⓒ点の音とⒹ点の音との間の音質の差を問われるわけですが，Ⓓ点の音にはもとの音に針のスクラッチ・ノイズが加わることが最大の欠点として挙げられます．

図5-4の②CDの場合はⒶ点の音とⒷ点の音との間にどのような差があるでしょうか．

これがデジタル録音の性能の評価になります．結論は，Ⓐ点とⒷ点の音質を比較する限り，雑音の無さや音質の良さなど，あらゆる点について非の打ちどころがないほど素晴らしいもので，**図5-2**①の「ダイレクト」並です．まさにマイクロホンから増幅器を通して「ナマ」で聴いた状態です．

1つだけ，20kHz以上の音域をカットして記録（カッティング）しているので，LPファンから，音の豊かさや温かみがなくなったなどという不満の声は聞かれるようです．

音質以外の評価

CDは音質以外にも多くの良さを持っています．列挙してみましょう．

① 盤1枚あたりのデータ収容量は，LPが片面30分であるのに対しCDは74分ですからベートーベンの交響曲中最も長時間の第九交響曲が1枚に収録できます．74分については諸説語りつがれています．

② 盤のサイズはLP（30cm）からCD（12cm）へと文字どおりコンパクト化されました．
当初11.5cmも検討されたようですが，上記の74分にも関係があるようです．

③ LPのようにピックアップを操作することなく任意のところに移動する「ランダム・アクセス」が可能となりました．

④ 最大のメリットは，盤が非接触のためデータの劣化がなく安心して保存ができ，著作権の問題さえなければ質を落とすことなく完全なコピーができることです．

このように評価してみると，音も音以外の性能も素晴らしい結果です．

CDプレーヤーのプロフィール・諸元

① **ディスクの回転速度**：線速度が一定．1.2m/s～1.4m/s．ピックアップはトラック上を相対的にこの速度で走りながらピットの有無を読み取ります．

② **最大記録時間**：74分42秒．線速度を1.25m/sとすると，この最大時間を走り終わると5.6025km走ったことになります．

③ **サンプリング周波数**：44.1kHz．大きさを計測する「一瞬一瞬」の時間間隔は23μ秒という短さです．

④ **量子化のビット数**：16bit．23μ秒ごとに計測するアナログ信号の細かさ16bitとは$1/2^{16}$すなわち1/65535ということで，アナログ信号の最大値を1とすると，6万5千分の1という細かい値を読み分けるという細かさです．

アナログ量を23μ秒ごとに測って符号化処理する「早業」は，半導体（IC）の驚異的な処理スピードがなければ実現できません．だから昔からは存在しなかったのです．

CDプレーヤーでは，光ピックアップが1.6μm間隔で並んだトラック上のピット（突起）を読んで符号を解読しますが，その都度焦点を合わせながら読み取る早業もやってのけています．また走っているトラックから離脱しないよう精巧に制御もされています．

CDの技術はこれら最速の半導体や超微細なメカの総合力として成り立っています．

第6章 コンピュータ

出ました．デジタルの権化みたいな名前です．いよいよコンピュータか，という期待が先立ちますが，よく考えるといろいろな疑問に行きあたります．

コンピュータは翻訳すると「計算機」ですが，計算機といえば「電卓」が思い浮かびます．しかし電卓につけられている英文名は「Calculator」です．

日常慣れ親しんでいるものに「パソコン」がありますが，これは「個人（パーソナル）のコンピュータ」です．コンピュータと呼ばれているのに，もっぱらメール，ワープロなど，数値計算とは縁遠い目的に使われています．

この章では「計算の歴史」を振り返りながら進化の過程を理解することにします．

そしてデジタルの計算知識も身に付けましょう．

計算ツールはどう進化したか

はじめにアナログ時代の計算ツールを復習します．そろばんと計算尺です．

そろばん・算盤

人類は指を折って計算することを覚えたと思われます．英語の辞書によると「digit」という言葉は「指の」という訳語が出てきます．指折り数えることがデジタルのルーツであるといえそうです．

計算が複雑になると木の小枝や小石の助けを借りたと思われます．その小石がそろばんの始まりになったと，ものの本には紹介されています．

中国でそろばんが普及し始めたのは12～13世紀で，日本に伝わったのは室町時代末といわれています（1570年前後）．吉田光由の塵劫記（じんこうき）（1627）などで全国に普及しました．

生産地としては兵庫県の播州そろばん，島根県の雲州そろばんが有名です．

おなじみのそろばんを**写真6-1**に示します．珠（タマ）を1つ1つ動かし，桁ごとに移動した珠の数を数えれば計算結果が得られるので，この計算を「珠算」と呼んでいます．

この記事を読んでいる若い読者はそろばんを自在に使いこなせるでしょうか．そろばんによって開平（平方根）や開立（立方根）までできることをご存じでしたか．

そろばんの世界には，日本珠算連盟という組織があり，競技会やコンクールなどの技を競う場があり，検定も行われています．そろばんが達者な子供たちは暗算にも強いといわれており，検定には珠算検定と並んで暗算検定もあります．

受験塾とは一味異なる「そろばん教室」とか「そろばん塾」という塾があり，学年ごとの講座が用意されています．

そろばんが得意とするところは，基本的には足し算と引き算で，掛け算，割り算も守備範囲には入っていますが，掛け算や割り算ならもっと手近に計算できる「計算尺」も重要な資産です．

そろばんは，古くからある道具ということから考えると「アナログ計算機」と呼んでもよさそうですが，手（digit）で操作する数値計算道具なので

写真6-1　そろばん（算盤）

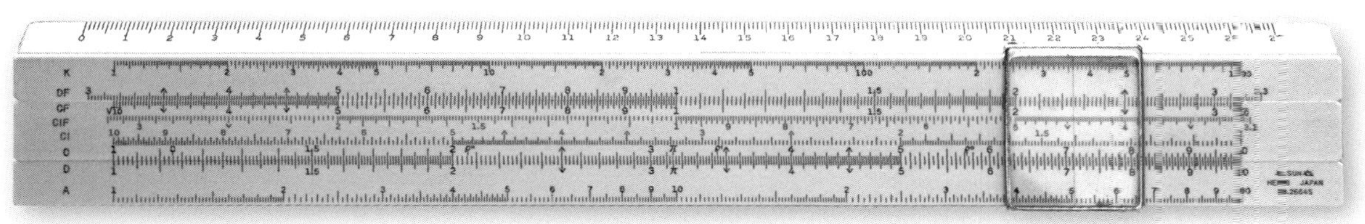

写真6-2　代表的な計算尺

「デジタル計算機」と呼ぶのが適当であろうと考えます．

無理やりどちらの計算機かに分類するのは適当ではない事例でしょう．

計算尺

計算尺は技術系の学生や企業で活躍したものですが，関数電卓の登場で1980年ごろには生産が中止されました．貴重な資産ですから，いま持っておられたら大事に保管しておきたいものの1つです．**写真6-2**に代表的な計算尺を示します．

1614年，ネーピア（John Napier 1550-1617 英）が16世紀末と17世紀初頭の数学史上最大の発見をしました．対数を発見したのです．

ネーピアは対数表も発表し，科学界に大変な衝撃を与えました．それは今日の電子計算機に匹敵するものだったようです．日本では1600年，関ヶ原の戦いによって徳川幕府が生まれたころの話です．

計算尺はその対数を利用したアナログ式の計算用具です．数値のセットや計算結果の読み取りは，物差しで長さを計るように目盛りを目測で読むため，得られる数値は概数となります．

中学校などでは計算尺のコンテストなども行われていました．

写真6-3　電気通信用に特化した円盤式計算尺

計算尺の変り種を紹介します．

計算尺には棒状のものだけでなく円盤状のものもあり，また，特定の用途に適した専用の計算尺もあります．**写真6-3**はその事例です．電気通信の計算に特化した円盤型の計算尺で，波動インピーダンス，共振周波数，波長，周波数，デシベルなどが簡単に計算できます．実験室では概数さえ

写真6-4　整数の計算表という本

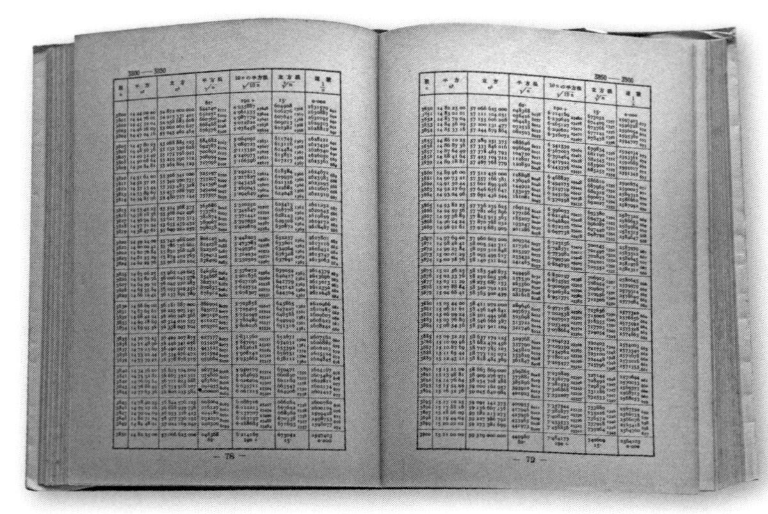

写真6-5　整数の計算表という本を開いてみる

分かればよいことが多く，関数電卓よりも便利なツールです．

計算尺の入出力の数字は概数といいましたが，少しでも正確な数字を得たいという願望はありました．そのようなニーズに応えて，今日では超レアものとなった本を紹介します．**写真6-4**にその外観を，**写真6-5**にページを開いたところを示します．

この本は，1から9999までの整数の平方，立方，平方根，10倍数の平方根，立方根，逆数が有効数字14桁まで，辞書のように整理された，貴重な1冊です．

最後の十数ページには数学の公式が掲載されており，また最後の1ページにはπの自然対数とかπ^2など珍しい数値が一覧表示されています．

昭和32年発行で定価は200円でしたが，とても古紙として処分できません（古書として買ってくれる人もいませんよネ）．

その他の計算ツール

現在の電卓（電子式卓上計算機）の大先輩格に，機械式の卓上計算機があります．

写真6-6は電動の卓上型計算機が一般的でなかったころ，一世を風靡した手動メカ式の卓上計算機です（タイガー計算機）．この計算機の計算ロジック（計算手順の考え方）は，「筆算」をメカニカルに繰り返しているもので，見かけはいかにも万能の計算機ですが，機能的にはそろばんと似たり寄ったりの機械です．ハンドルを回しているうちに桁の上げ下げに突き当たると「チーン」と音がして別のレバーで横方向にシフトするよう要求されるようになっています．メモリも付いていて，技術者がこれを操作していると何となく優越感を覚えたものです．家庭電器のメーカーでは技術者の省力化のために活用されました．昭和30年代のはじめに生まれたポータブル・ラジオのアンテナの調整などには，この計算機の成果が生かされています．

そうこうしているうちに電子式の計算機が現れました．

電子式の計算機は，心臓部にあたるLSIや表示デバイスの開発によって急速にコストを下げることになり，市場でも熾烈なシェア争いを展開することになり，またたくまに計算ツールを独り占めすることになりました．

LSIの高集積化が進むにつれ，腕時計型の計算機も現れて，今日の「ウェアラブル」なデバイスの

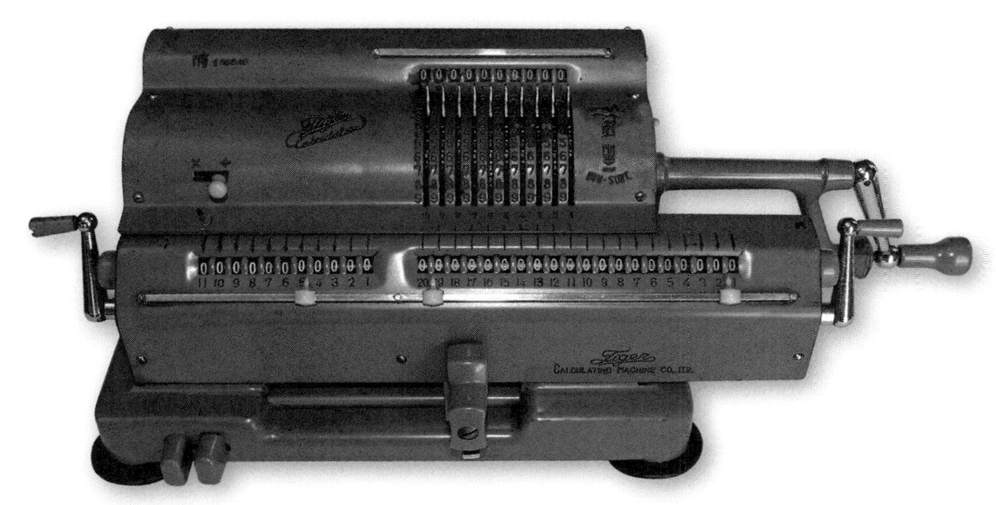

写真6-6　タイガー計算機

魁(さきがけ)となったようです.

電子計算機の出現

タイムスリップでアナログ時代の計算ツールを見てきましたが，いよいよ電子計算機と呼ばれる計算ツールの大物の時代に入ってきました.

ここでも幾つかのステップがあります．アナログ・コンピュータからスーパー・コンピュータまで，そのステップを見てみましょう.

アナログ・コンピュータ

まず「アナログ計算機」の方から紹介しておきましょう.

おや？ と思われるかもしれませんが，そうです．(デジタルでない) アナログ・コンピュータです．計算機を作りたい，コンピュータを作りたい，という願望はいつの時代にもあったようでアナログ回路を駆使してコンピュータに挑んだ時代があります.

自作派のアマチュアならトランジスタやFETと同じようにOP (オペ) アンプという素子を体験していると思いますが，そのOPアンプこそアナログ・コンピュータを支えてきた素子です．OPアンプは演算増幅器と呼ばれ，ひと昔前のコンピュータではその演算素子を務めてコンピュータの開発に一役買ってきたものです.

どのように演算機能を果たすかについては多くの誌面を必要とするのでここでは紹介にとどめます (参考；吉本猛夫著「楽しく学ぶアナログ基本回路」，第10章，CQ出版社).

コンピュータの本流はアナログからデジタルへと移りましたが，OPアンプという素子は高い集積度を生かして高精度化へと発展し，デジタル機器の中にあっても，重要なアナログ部分を担当してエレクトロニクス界になくてはならない存在となっています.

この辺で，アナログ計算機の話題をひとまず締めくくっておきます.

付け加えておきますが，アナログ・コンピュータでも最後の表示は文字 (デジタル？) です

大型コンピュータ

大企業，大学や官公庁が使うような大型コンピュータの歴史を垣間見てみましょう.

1945年，米国ペンシルバニア大学とIBM社が，

共同ではじめて真空管式の電子計算機を完成しました．それまでの計数器やリレーを真空管で置き換えた最初の計算機です．

真空管を約18,800本使用．演算速度は乗算で300回／秒，加減算で5,000回／秒で，それまでの電気機械式計算機に較べ，飛躍的に速くなりました．しかし内部に記憶できる数は10桁の数が十数個程度でした．昭和20年です．

1958年，IBM社7000シリーズ，Philco社2000シリーズの電子計算機に全トランジスタ方式が採用されました．後々電子計算機の第2世代と呼んでいます．昭和33年です．

1974年，IBM社がシステム370によって第3世代の電子計算機を確立．飛躍的なコスト・パフォーマンスを実現しました．主として半導体の性能向上に帰するところ大です．

LSIの超微細加工を導入して集積度を高め，論理素子の演算速度やバッファ・メモリの速度を高め，同じチップサイズで数倍から1桁機能を高めることが可能になりました．昭和49年です．

スーパー・コンピュータ

日本国内での略称は「スパコン」です．

主用途は，量子力学，天気予報，気象研究をはじめ，化合物，ポリマー，結晶などの計算化学などです．

一般的なコンピュータとの違いは，処理を並列に実行すること．またスーパー・コンピュータで採用された技術の多くはその後にPCなどで使われ，性能の向上に寄与したことです．

OSはUNIXやLINUXなどで，C言語で書かれています．

ベンダは，日本ではNEC，日立，富士通，アメリカではIBM，HP，SGI，クレイ，サンなど．欧州勢はハードウェア開発には消極的で，ソフトウェア開発に力を注いでいます．

中国では2005年に「龍芯」を発表し開発が続けられています．

1. 10進整数の2進化

ステップ①から⑧に至るまで2で割った結果をていねいに示したが，➡の矢印で示したような順序で，ステップ⑧の「商」と「余」からはじまり，11000110と並べると，それが10進198の2進数となる

$$(198)_{10} = (11000110)_2$$

2. 10進小数の2進化

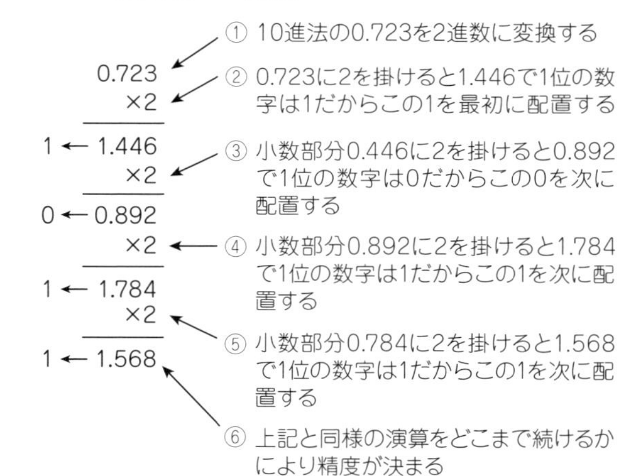

ここで終われば $(0.723)_{10} = (0.1011)_2$
となるが右辺は $(0.6875)_{10}$ となる

3. 10進負数の2進化

重要な項目であるが，「絶対値表示」や「補数表示」などという，複雑な理論に踏み込むことになるので，これ以上掘り下げないことにする

図6-1　10進数を2進数に変換する

●変換の基本チャート

·····	2^4	2^3	2^2	2^1	2^0	2^{-1}	2^{-2}	2^{-3}	·····
·····	16	8	4	2	1	0.5	0.25	0.13	·····

小数点

●変換事例(2進の1011.01を10進に変換する)

·····	0	1	0	1	1	0	1	0	·····
·····	0	8	0	2	1	0	0.25	0	·····

2進数を10進数に変換する方法を事例によって紹介した.
変換の基本チャートに示した2のべき乗の各項目は,2進数の1かゼロに対応する.変換事例に示すように,2進数の最初の1に対応する2のべき乗数が2^3であるからまず2^3すなわち8を組み入れ,次の1に対応する2のべき乗数が2^1であるから2を組み入れる.こうして1に対応する2のべき乗を順次組み入れて合算すると,整数部分の合計は11となる.小数部分についても同様の方法で合算する.
結果は,$(1011.01)_2=(11.25)_{10}$となる

図6-2　2進数を10進数に変換する

デジタルによる計算は2進法

デジタルには1か0しかありませんから,10進数の計算も2進数に変換し2進法による加減乗除を行い,結果を10進数で表現します.その基本的な考え方をこれから紹介します.計算機の中で何が行われているのかを詳しく見てみましょう.

はじめに私たちが日常使っている10進数と2進数との関係を整理してみます.

図6-1は10進数を2進数に変換する方法を,**図6-2**は2進数を10進数に変換する方法をそれぞれまとめたものです.

このような2進数 ⇔ 10進数の方法を実生活で活用することはまずありませんが,計算機の中で行われている地道な作業を理解するために体験していると思ってみましょう.

図6-1や**図6-2**では比較的身近な数値例の変換を示していますが,これだけで十分とは言い切れません.例えば10進の負数を2進化するのはやや複雑なルールを使うことになり,だんだん迷路に踏み込んでしまいます.

しかし相互に変換される様子は理解していただけることと思います.

図6-1や**図6-2**の中で$(****)_{10}$とか$(****)_2$と表記されているものは,それぞれ10進数,2進数を表すものです.

図6-3は2進数の四則演算の方法を説明したものです.10進数の計算との違いに注意するだけで,容易に理解できると思います.

パソコン(Personal Computer)

通常はプログラム内蔵型の計数形電子計算機で,当初は数値計算に特化されるものが主体でしたが,徐々にその他の処理に向けられるようになって今日のパソコンが生まれました.

パソコンについてはいろいろウンチクを傾けたいことがあります.

しかし本屋さんには,この本以上に知識があふれているので,そちらに譲ることにします.

パソコンによる数値計算はご存じ「エクセル」が有名で,科学技術関数も簡単に扱えるほか,より専門的な数値計算を扱えるソフトウェアもあって,パソコンでもCalculatorの機能が果たせるという認識をあらたにしていただきたいものです.

1. 加 算

0+0=0　：0を加えても0のままというのは10進法と同じ

0+1=1　：0に1を加えると1になるのは10進法と同じ

1+1=10：1に1を加えると繰り上がり10となる．これは10進法にはない

例

10進	2進	10進	2進	10進	2進
14	1110	4	100	15	1111
+ 8	+ 1000	+ 5	+ 101	+ 1	+ 1
22	10110	9	1001	16	10000

2. 減 算

0－0=0：0から0を引いても0のままというのは10進法と同じ

1－0=1：1から0を引いても1のままというのは10進法と同じ

0－1　：0から1を引けないので上位桁から借りて10－1=1となり，
さらに借りて，100－1=11　となる．これは10進法にはない

例

10進	2進	10進	2進	10進	2進
12	1100	13	1101	29	11101
－ 10	－ 1010	－ 10	－ 1010	－ 19	－ 10011
2	10	3	11	10	1010

3. 乗 算

y×0=0：yを任意の2進数とすると，0を掛ければ0で10進法と同様

y×1=y：yを任意の2進数とすると，1を掛ければyで10進法と同様

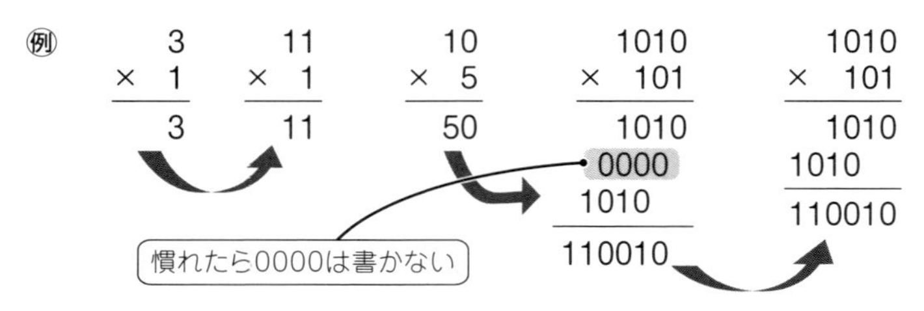

4. 除 算

商のたて方は10進法と同様．

引くときは2進法のやり方で計算する

例

10進	2進	10進	2進	10進	2進
3) 30 = 10	11) 11110 = 1010	5) 27 = 5	11) 11110 = 1010	1.5) 6.7.5 = 4.5	1.1) 110.1.1 = 10 0.1
3	11	25	11	6 0	11
0	11	2	11	7.5	1 1
	11		11		1 1
	0		0		0

図6-3　2進数の四則演算

Column ❹ 筆算による平方根の計算

コンピュータやカリキュレータの話題の合間にちょっとお遊びしましょう．
以下に述べる手順で計算すれば平方根が求められます．

```
                                     ②     Ⓐ        Ⓔ
                                     4     2  .     6     0     2     6
        4    ②              1  8 | 1  5  . | 0  0 | 0  0 | 0  0 | 0  0  ←  ①
+       4 ← ③               1  6
④ → 8  2    Ⓐ          ⑤ → 2  1  5 ← ⑥
+       2    Ⓐ                 1  6  4 ← Ⓑ
Ⓒ → 8  4  6   Ⓔ                   5  1    0  0 ← Ⓓ
+          6   Ⓔ                  5  0    7  6
    8  5  2  0                             2  4  0  0
+             0                                      0
    8  5  2  0  2                          2  4  0  0  0  0
+                2                         1  7  0  4  0  4
    8  5  2  0  4  6                          5  9  5  9  6  0  0
+                   6                         5  1  1  2  2  7  6
```

例として1815の平方根を求めます．1815？ 聞いたことがある数字ですねえ．
2SC1815といえば納得でしょう．そんなことはともかく，

1. 小数点を境に2桁ずつ区切ります（①）．
2. 最左の2桁の数字18に対し，2乗の数字がこれ以下の最大数字になる値を求めると4×4=16なので4と書く（②）．①のある行の左の方に②として今の4を書く．
3. その4（②）の下に4をもう一度重ねて書く（③）．
4. ②の4と③の4を足して8と書く（④）．
5. 18と（4×4で得られた）16との差2を書く（⑤）．
6. その2を頭にして，上から下ろしてきた15を並べて215とする（⑥）．
7. ⑥の215に対し，8□×□が⑥の215以下になる最大の数（□）を探す．
   3では83×3=249なので215より大きい．2なら82×2=164なので2が入る（Ⓐ）．
   2（Ⓐ）は全部で3カ所．82+2=84を書く（Ⓒ）．
8. ⑥の215から82×2=164（Ⓑ）を引くと51となるが隣の区切りから00を下ろして5100とする（Ⓓ）．
9. 第7項でやったと同様に，84□×□がⒹの5100以下になる最大の数を探す．
10. それは6なのでⒶのときと同じように，6を書く（Ⓔ）．以下同じ要領で続ける．

第7章 デジタル・テレビ

地デジが現れて数年，鉄道のローカル駅近くのそば屋さんでよく見かけたアナログ・テレビの象徴的な光景が見られなくなりました．その光景というのは，お客さんがそばを食べながらテレビを見ることができるように天井近くの棚におさめた14インチ・クラスのアナログ・テレビです．象徴的なのはその「ゴースト」です．

最近の大衆テレビはすっかりアカ抜けしてこんな光景は見られなくなりました．

アナログ・テレビと地デジの体感的な違いの筆頭はこれだといっても過言ではありません．今回は地デジを含むデジタル・テレビを総括します．

デジタル化した結果どうなったか

はじめにVHFとかUHFといった周波数の呼び名を**表7-1**で復習しておきます．

そしてデジタル化の前と後で使用周波数がどのように変わったのかを**表7-2**に示します．

表7-2にある「ch」は周波数に割り振られたch番号のことで，物理チャネルと呼ばれるものです．テレビに付属したリモコンのch番号とは別のものです．こちらの方は「リモコンキーID」などと呼ばれます．

デジタル化される以前のアナログ・テレビ放送には，VHF帯の1～12chのアナログ放送とUHF帯の13～62ch分のアナログ放送がありましたが，VHF帯はなくなり，UHF帯の13～52ch（470～710MHz）が地デジとして生まれ変わりました．BSのアナログ放送もBSデジタルとして生まれ変わり，CSデジタルとあわせて3種類のデジタル・

表7-1　電波の周波数帯の表示

周波数の範囲	周波数帯の略称	メートルによる区分
3kHzを超え 30kHz以下	VLF	ミリアメートル波
30kHzを超え 300kHz以下	LF	キロメートル波
300kHzを超え 3MHz以下	MF	ヘクトメートル波
3MHzを超え 30MHz以下	HF	デカメートル波
30MHzを超え 300MHz以下	VHF	メートル波
300MHzを超え 3GHz以下	UHF	デシメートル波
3GHzを超え 30GHz以下	SHF	センチメートル波
30GHzを超え 300GHz以下	EHF	ミリメートル波
300GHzを超え 3THz以下		デシミリメートル波

表7-2　デジタル化されたテレビの使用周波数

● アナログ・テレビ放送

VHF				UHF	
LOWバンド		HIGHバンド			
ch	周波数（MHz）	ch	周波数（MHz）	ch	周波数（MHz）
1	90～96	4	170～176	13	470～476
−	～	−	～	−	～
3	102～108	12	216～222	62	764～770

● 地上波デジタル・テレビ放送

UHF	
ch	周波数(MHz)
13	470～476
−	～
52	704～710

テレビ放送に再編されています．

すなわち，VHF帯の電波を返上し，UHF帯の13～52chだけで頑張りながら，従来のアナログ放送を上回る性能や機能を生み出す構図です．

テレビの地デジ化は，いままでのVHF帯のテレビやアンテナが使えなくなる上に新しい方式のテレビを設置しなければならないなど，全国的に大きな出費や作業を伴う変更を強いられました．このような変更をするからには，それらを上回るメリットがなければなりません．その上回るメリットを**表7-3**に紹介します．**表7-3**はコンパクトな表ですが内容を見るとものすごい効果がオンパレードです．返上した電波資源を有効に使いこなし，従来のアナログ方式ではできなかったことを生み出しているところが素晴らしいことです．これはデジタルゆえの成果です．

ここでBSとCSについてちょっと補足します．

BS（Broadcasting Satellite）は東経110度に位置する放送専用でスタートしたシステムです．1984年にNHKによる試験放送が始まり，1987／1989年にNHK，1991年にWOWOW，そして2000年にBSデジタル放送と発展しました．

CS（Communication Satellite）は東経124/128，110度に位置する通信専用でスタートしたシステムです．1996年に日本初のCSデジタル放送（パーフェクTV）が始まりました．

表7-3　デジタル・テレビのメリット

性能	ハイビジョン級の画質，CD級の音質
	劣化のない映像，音
	混信のない信号
機能	電子番組表（録画予約が可能）
	ニュース，天気予報などのデータ放送
	複数の言語
他	インターネット，電話回線との結合，融合
	双方向通信
	隣接チャネルの利用が可能

デジタル・テレビの主な規格

3つのデジタル放送と，地上デジタルの子供格である「ワン・セグ」をまとめて**表7-4**に紹介しました．

表7-4　デジタル・テレビの主な規格

		地上デジタル	BSデジタル	広帯域CSデジタル	ワン・セグ
周波数範囲		470～710MHz	11.7～12.2GHz	12.2～12.75GHz	470～710MHz
LNB出力IF周波数			1022～1522MHz	1522～2072MHz	
映像符号化方式		MPEG-2 Video	MPEG-2 Video	MPEG-2 Video	H.264/MPEG-4 AVC
映像フォーマット	1920×1080	○	○	○	320×240
	720×480	○	○	○	320×180（15コマ/秒）
	1280×720	○	○	○	
音声符号化方式		MPEG-2 AAC Audio	MPEG-2 AAC Audio	MPEG-2 AAC Audio	MPEG-2 AAC Audio
限定受信方式		MULTI-2（B-CAS）	MULTI-2（B-CAS）	MULTI-2（B-CAS）	
多重化方式		MPEG-2 SYSTEMS	MPEG-2 SYSTEMS	MPEG-2 SYSTEMS	MPEG-2 SYSTEMS
主変調方式		64QAM	TC8PSK	TC8PSK	QPSK
帯域幅		約5.6MHz	34.5MHz	34.5MHz	約5.6MHz×1/13（429kHz）
搬送波		OFDM（マルチキャリア）	シングル・キャリア	シングル・キャリア	OFDM（マルチキャリア）

各項目はかなり専門的になるので，逐一説明はしませんが，後日参考にすることを想定して不消化のまま記載しました．一部補足しますと，LNBはパラボラ・アンテナの前にあるLow Noise Blockで変換された中間周波数のことです．また，OFDM (Orthogonal Frequency Division Multiplex) はこの変調を行うことにより，ゴーストやマルチパスひずみのない受信を可能にしています．乗り物や移動での受信も可能にしています．

OFDMはCQ出版社発行のCQ ham radio 2008年3月号別冊付録「現代アマチュア無線用語集（ハム蔵2）」にも詳しく解説されていますがかなり高レベルです．異なったデジタル放送間で，言葉や数値が共通かどうかによって，システムが類似しているかまったく別物かを類推する材料に使っていただくことを期待します（総務省 電通技審 ARIB規格書から引用）．（参考：高木誠利，能登尚彦 共著；「きれいに地デジを映す本」，第1章，CQ出版社）

この表の「映像符号化方式」についてひと言．3つのデジタル放送はいずれも「MPEG-2 Video」となっており，DVD-Videoと同じMPEG-2を採用していますが，詳しく言うと「MPEG-2 TS」と呼ばれるもの，一方DVD-Videoは「MPEG-2 PS」というもので親戚関係ではありますが「他人」なので受信したデジタル・テレビの信号をDVDに焼いてもDVD-Videoを作成できるわけではありません．

デジタル放送で変わったものは変調方式

表7-2で見たように，デジタル放送とはいえ，使う周波数はいままでのアナログ放送に使われていた電波と同じものです．

アナログ放送とデジタル放送との違いはその変調方法にあります．

変調という言葉が身近にあるのはラジオの世界です．AM（振幅変調）ラジオとFM（周波数変調）ラジオです．

デジタル放送の変調の実態を見るために，**図7-1**でAMとFMを含めたいろいろな電波型式のスペクトラムを見ることにします．スペクトラムというのは横軸を周波数にし，各周波数成分を縦軸にプロットした分析図です．図の①がAMのスペクトラムです．もしAMラジオが何もしゃべっていない（無変調）状態ならば，スペクトラムは搬送波のみが存在する縦1本のグラフになってしまうのですが，何か音が出ている状態では，①のように搬送波の両側に（音と同じ周波数分布の）側帯波が見られます．このようにどのような音で変調しているのか，どのような画像で変調しているのかによってスペクトラムは千差万別ですが，1つ

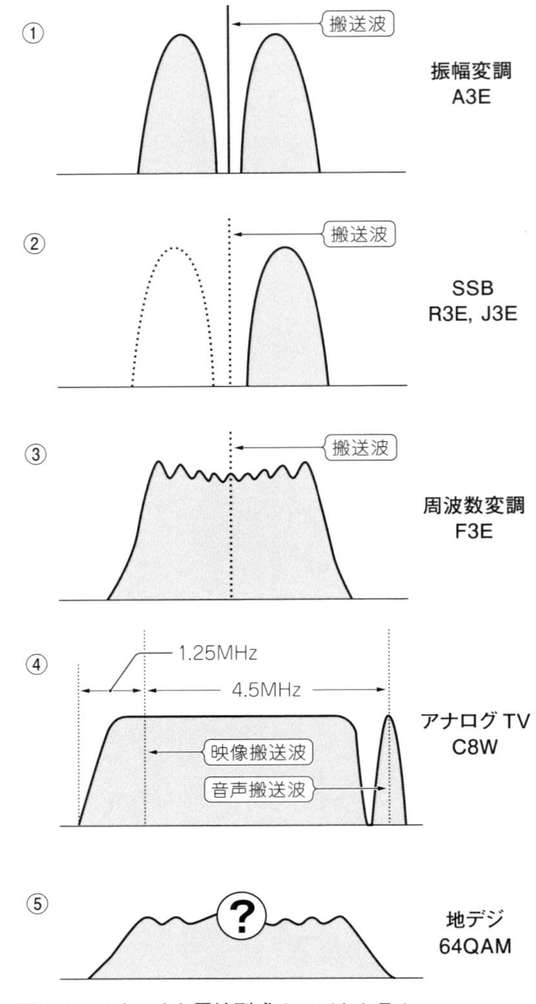

図7-1　いろいろな電波型式のスペクトラム

のサンプルとして理解してください．

電子工学を勉強している人やハム諸君ならAMやFMという言葉を知っており，スペクトラムもなじみがあることと思います．図の①がAM，図の②がSSBで，振幅変調系なのでもととなる（音の）周波数帯域（ベースバンド）のスペクトラムがよく見えています．

図の③はFMで，FM放送やVHF帯，UHF帯で無線のアマチュアに愛用されている変調です．④のアナログ・テレビの変調スペクトラムも同じような振幅変調系なので，映像信号と音声搬送波のもとの信号がよく見えています．

これに対し⑤が地デジの変調スペクトラムをイメージ化したものです．

もとのアナログ映像信号をデジタルの（AD）変換した時点で原形のスペクトラムは想像できない姿に変わっている上に，**表7-4**（p.49）にあるようなOFDM技術によって帯域が広く，全体のレベルが低いものになっていて，中身が濃いものであることをうかがわせます．はっきりと描くことは困難ですが，この変調によってデジタルのメリットをいかんなく発揮するものになっている，と納得させられちゃいましょう．

パケット

地デジの変調は中身が濃い，と書きましたが，その濃い中身の手順として「パケット」があります．地デジの電波の作られ方がパケット方式であることを解説します．

パケットはコンピュータどうしを電波でつなぎ，文字などの情報をやりとりする通信手段ですが，ハムの通信手段としても使われており，知っておきたい言葉の1つです．

そもそもパケットとは「小包」のことです．

図7-2に地デジの電波の作られ方を紹介します．AD変換，データの圧縮，パケットの作成，位相変調等々複雑な作業を経て送信まで漕ぎつけることが分かります．

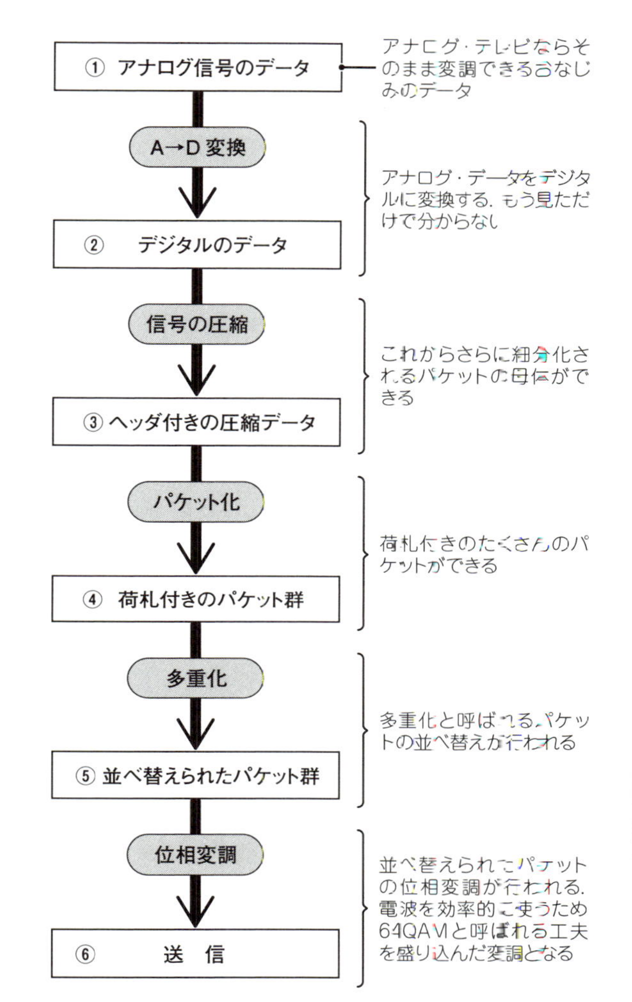

図7-2　地デジの電波の作られ方

この中にパケットの作成というのがありますが，**図7-3**（p.52）に示すように送りたい情報を幾つかの小包にバラしておいて，それぞれに宛名や差出人の荷札をつけ，末尾に誤り検出コードという通信監視の符号を入れて送信するというものです．

この操作はTNC（Terminal Node Controller）という装置が自動的にやってくれます．

図7-3（p.52）で示したようなパケットの事例を実際に送信し，確実に宛先人に届く姿をまとめたものが**図7-4**（p.53）です．なんでこのような複雑なことをやるのでしょうか．

まずパケットにしておくとほかの人のパケット

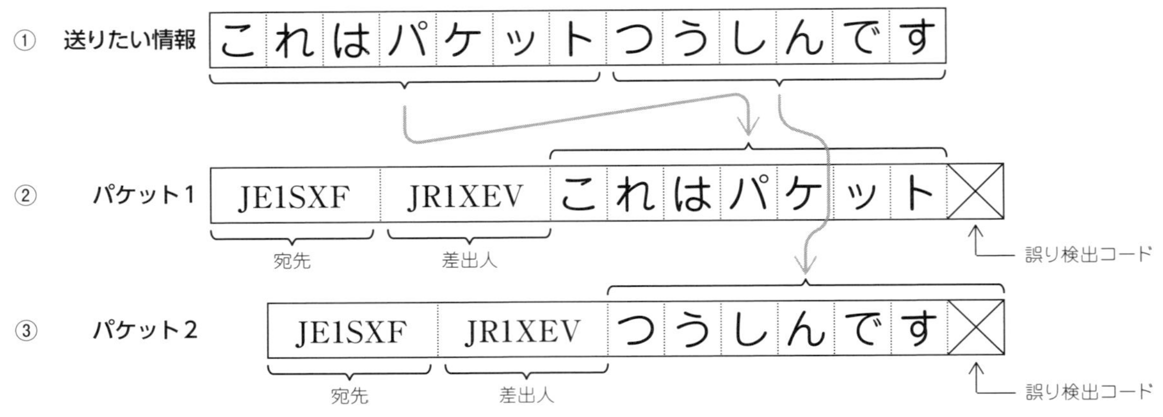

図7-3　送りたい情報をパケットにする

と同じチャネルで相乗りして送受信できることです．次に誤り検出コードのおかげで誤りのない情報を受け取ることができるという素晴らしい性能があることです．また中継しても情報の質が落ちないこともパケット通信の特長です．

図7-3と**図7-4**で示したパケットの事例で，これを取り入れた地デジの変調はいかに効率の良い良質な変調であるかが分かると思います．その結果その他の技術の成果もあって**図7-1**で見たような「？」付きのスペクトラムにつながり，アナログ・テレビよりも効率の良い電波に生まれ変わることができているのです．

デジタル・テレビ関連のいくつかの話題

はじめに「1セグ」から解説しましょう．

表7-2に示したように，地デジの周波数範囲は470～710MHz（＝240MHz分）でこの中に13～52ch（＝40ch分）がありますから，1chは6MHz分あることが分かります．

この6MHzは14に分割され，そのうちの13個分（これをセグメントと呼びます）がデジタル・テレビ放送に寄与し，さらに中央に位置する1セグメントが**表7-4**に示した「ワン・セグ」と呼ばれる小さなデジタル・テレビに割り当てられています．地デジ本体のセグメントは12ということになります．

さて**表7-4**を見れば1セグは地デジと重なることが分かります．周波数範囲は共通ですし，OFDMも共通です．しかし主変調方式は地デジ本体が64QAMであるのに対し1セグはQPSKと呼ばれる別の方式となっています．

つまり1セグは地デジの一部をもらって小さなテレビ放送を捻出したものです．

B・CASカードについて説明します．**写真7-1**に示したように，このカードはデジタル放送を受信するための「鍵」の機能を果たします．BS Conditional Access Systemsは会社名です．BSは本来衛星の意味ですが，BSデジタル放送が始まったときこの会社が設立されたことからBSの名前が付いています．

地デジの録画についてひと言．

地デジの画質を劣化せずにデジタル録画するには，HD（ハイビジョン）対応のレコーダなどを必要としますが，不正コピー防止用の信号も記録されるので，録画したデータのコピーや移動が1回しか認められない「コピー・ワンス」であることも知っておきましょう．

衛星では何をしているのか

衛星の歴史をひも解くと，当初は衛星に積む中継機＝トランスポンダの開発が遅れていたため，軌道上の衛星を単なる反射板として利用する「金属皮膜風船」であったと紹介されています．これならアマチュア無線だって経験があります．EME

① 差出人から宛先人に「これはパケットつうしんです」という文章を送る

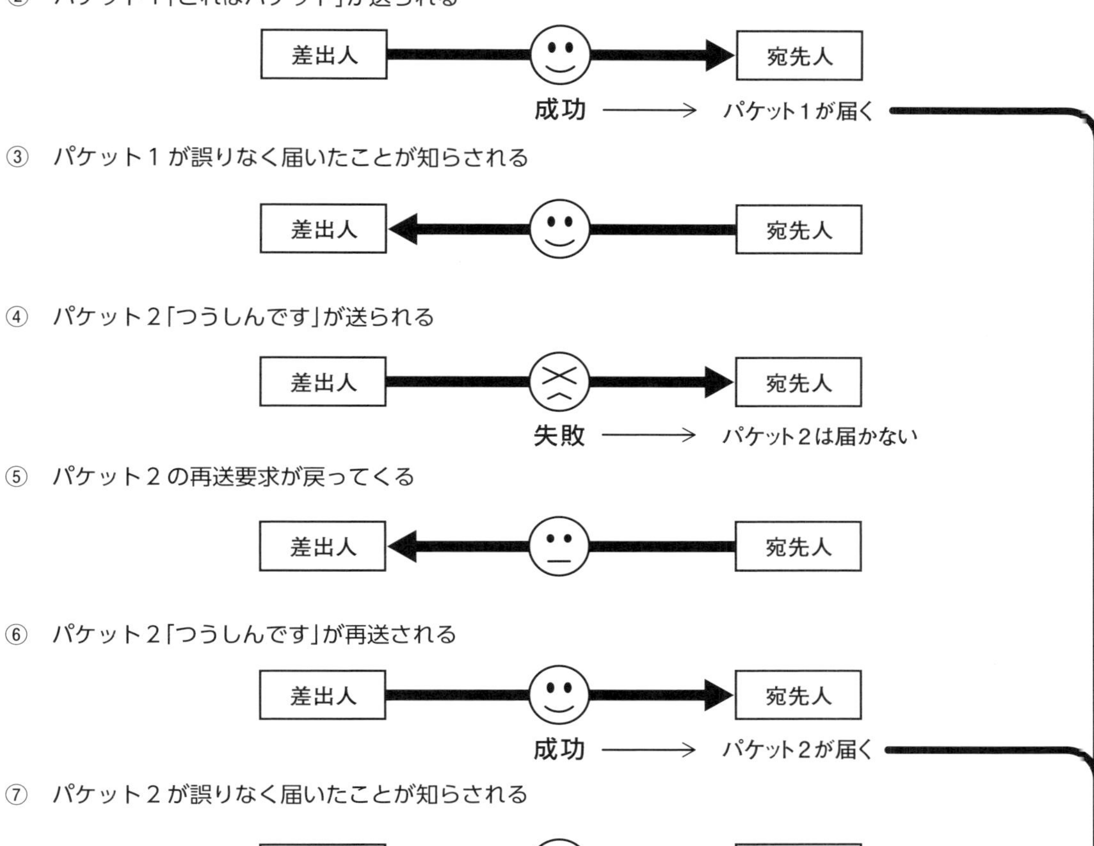

⑧ 「これはパケットつうしんです」という文章が届いた

図7-4　パケットが送られる手順

写真7-1　B-CASカード

(Earth-Moon-Earth)と呼ばれる月面反射通信が同じ理屈です．この方式の弱点は地上からの送信に大電力を必要とすることです．中継機を積んだ衛星が地球の赤道上，3.6万kmの静止軌道上に打ち上げられたことから，全国的に一つの送信アンテナからの電波を受けることができるようになっています．これがBSとかCSのシステムです．

電波の往復距離が7.2万kmもあるので，電波の遅延時間は当然問題になりますが，遠いところから届いた電波に親しみを感じます．

第8章 デジタル・カメラ

この章ではまず，アナログ・カメラとデジタル・カメラの違いを納得・理解します．
そのうえでデジカメがどんな期待のもとに生まれ，どんなことが優れているのかについていろいろな角度から知ることにします．

デジカメ以前のカメラはアナログと呼ぶの？

デジタルという言葉を冠した身近な道具にデジカメがあります．

第1章では，「カタカナ語事典」で調べた「アナログ」は，「従来の」という意味がある，と紹介しました．これによると，被写体の画像を写真フィルムに映して現像する従来の写真機はアナログ・カメラであると説明されています．

筆者のような電子技術屋には，デジタル回路の対極語（反対語）はアナログ回路だと短絡して考えますから，電子回路を使ってない従来のカメラまでアナログ・カメラと呼ぶのはいささか抵抗を感じます．アナログ・カメラと呼ばずに銀塩フィルム・カメラと呼んでほしいものです．つまりデジカメには対極語がない，という意見です．

デジタル・オーディオの対極語をアナログ・オーディオと呼ぶのはごく自然です．しかしデジタル・カメラの対極語として，アナログ・カメラと銀塩フィルム・カメラのどちらがふさわしいのでしょう．

このようなことで本題の理解が進まないようでは困りますので，一つの結論を出しておきたいと思います．

第1章で結論づけられているように，従来のカメラをアナログ・カメラと呼ぶことは否定しないことにします．しかしできれば内容を端的に物語っている銀塩フィルム・カメラと呼んでほしいなあという，さしあたっての結論です．少し苦しいですね．

化学の世界では塩（エン）というのは「塩（シオ）」ではなく化合物を意味します．銀塩は銀の化合物，例えば塩化銀ということになります．

写真の基本

そもそも写真はどのような原理で写るのか，初心に戻っておさらいしておきます．

図8-1は，被写体とレンズを通した受光像の関係を表すものです．これはデジタルもアナログも共通のものです．人間の眼球も同じ構造です．

受光部は，眼の場合は網膜，銀塩フィルム・カメラの場合はフィルム，そしてデジカメの場合は半導体の撮像素子です．撮像素子はCCD（Charge Coupled Device）かまたはCMOS（Complementary Metal Oxide Semiconductor）です．

どの場合も被写体が倒立して受光部に届いています．

また，レンズには受光を調節する「絞り」が付いていますが，図では省略しました．

アナログ・カメラとデジタル・カメラの大きな違い

図8-2（p.56）にアナログ・カメラとデジタル・カ

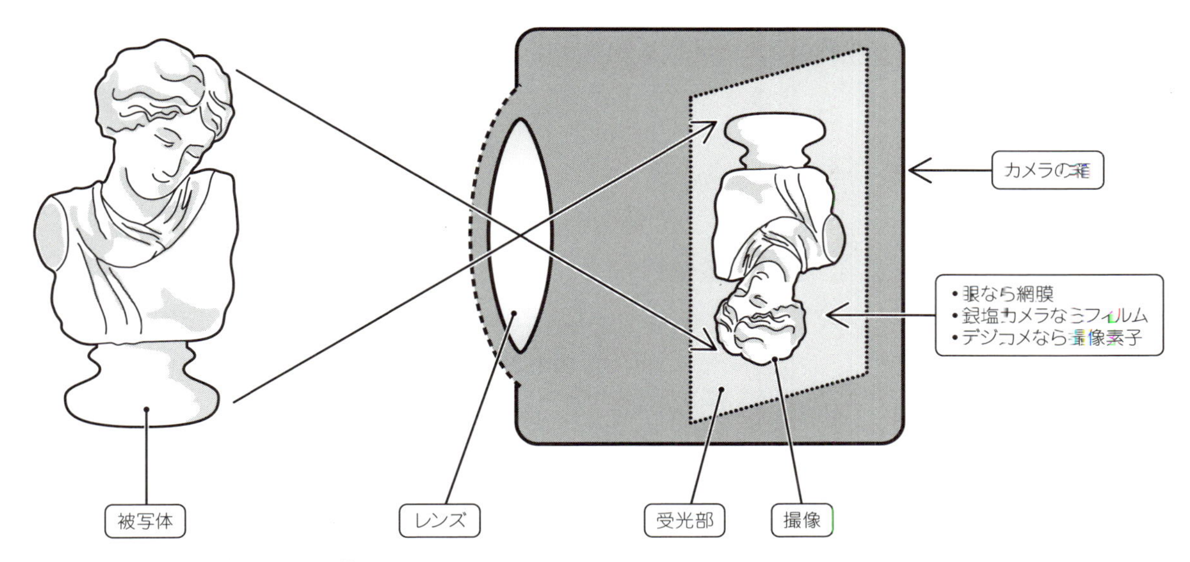

図8-1　カメラが被写体をとらえる構図

メラの違いをまとめました．

見てすぐ分かることですが，**図8-1**でいう受光部にフィルムを使うか撮像素子を使うかの違いに尽きます．アナログ・カメラの場合は，カメラの中にフィルムを入れて撮影しますが，カメラの会社とフィルムの会社は通常別の世界です（例外もあります）．

そのフィルムをカメラに装填し，撮影後はフィルムを取り出してラボ（お店）に預けて現像や引き伸ばしをお願いすることになります．データの運び屋はフィルムです．

フィルムには**図8-2**（p.56）にあるような35mm判のほか，これより大きい6×8判，6×7判，6×6判，6×4.5判などがあり，ISO感度，ネガかポジか，カラーかモノクロか，などなどによって商品が異なります．ネガが必要でない以外は全てデジカメのできる範囲です．

デジタル・カメラの場合は，カメラの中に，受光素子としてフィルムに相当する半導体の撮像素子を常駐させています．撮像素子は先述のようにCCDとかCMOSです．撮像素子が常駐であるほかに，銀塩フィルムに相当する記録メディアが装着されており，これらと，通常装備されているモニタとの連携によって，撮影時だけでなく撮影後の画像がチェックできるようになっていて（現像不要の）自己完結型カメラになっています．

しかし紙へのプリントも必要な場合は，その記録メディアを取り出して，ラボを利用したり，パソコンや複合機能を持ったプリンタにデータを送ったりすることになります．データの運び屋は**図8-2**（p.56）にも示したように半導体メモリである記録メディアになります．

ポラロイド・カメラというユニークなカメラがあります．これはカメラからいきなりプリントアウトできる自己完結型の代表みたいなものですが，アナログ・カメラの一角を担っています．詳細はここでは省略することにします．

銀塩フィルム・カメラの宿命

図8-3（p.56）は，銀塩カメラのフィルム構造を図解したものです．光の入る側から保護層，乳剤層，ハレーション防止層，フィルム・ベースとなっています．

乳剤層に光が当たるとハロゲン化銀がイオンに遊離し，化学変化によって銀をフィルム上に定着，

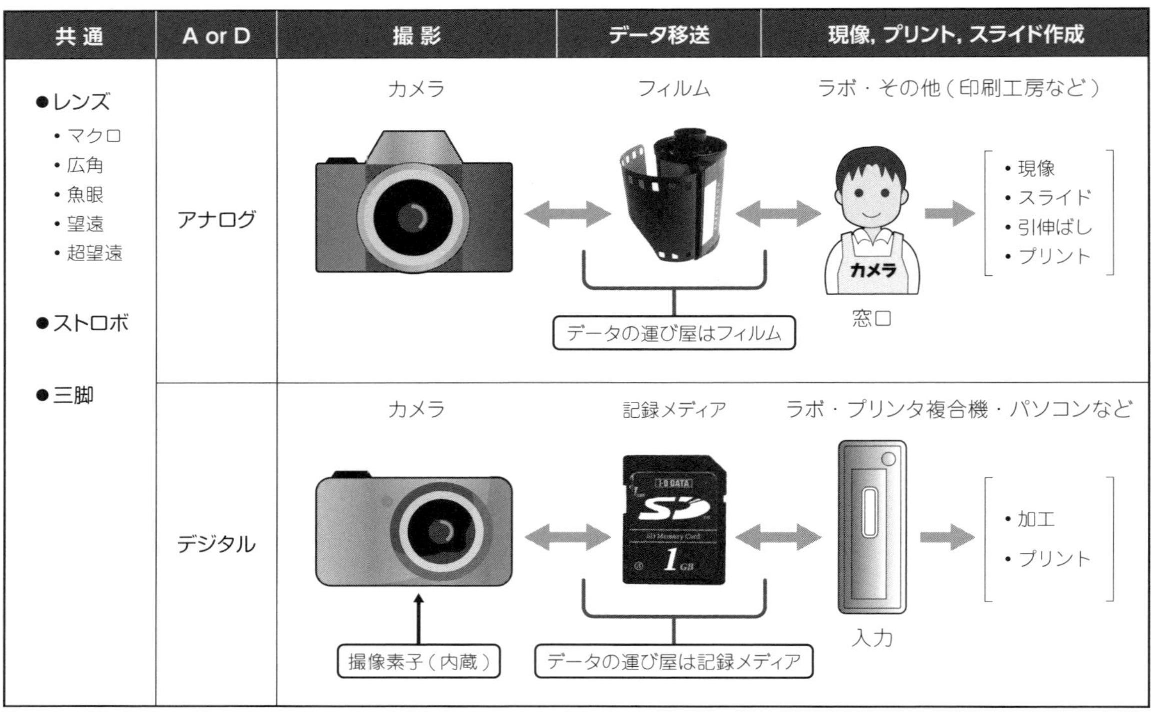

図8-2　アナログ・カメラとデジタル・カメラの違い

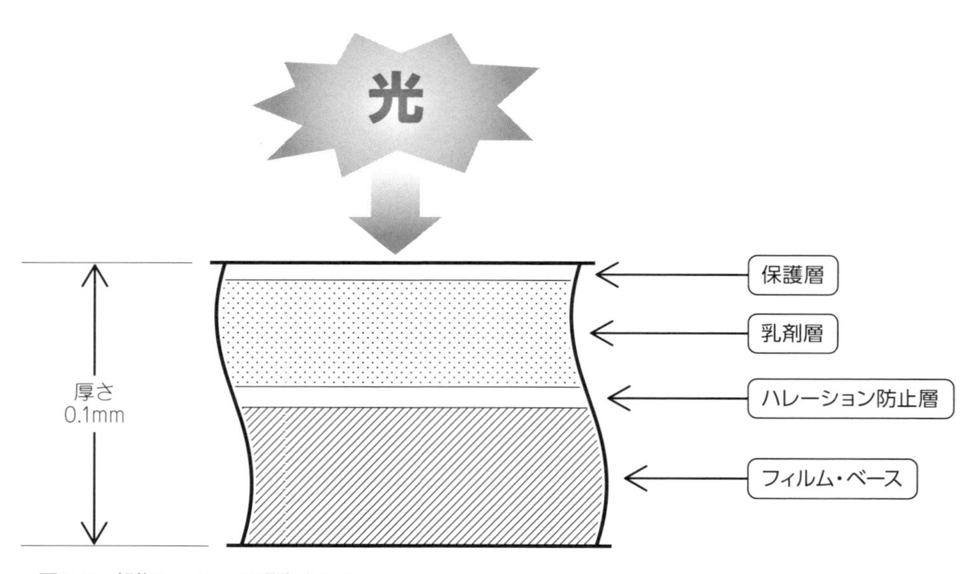

図8-3　銀塩フィルムが現像される

現像させることになります．カラーの場合は，3種類の乳剤（イエローY，マゼンタM，シアンC）が塗られ，感光するとそれぞれの「補色」に発光して現像されます．

補色に発光するのは（印刷用の）ネガ・フィルムの場合です．

フィルム・ベースはアセテートなどです．

一般大衆向けの写真用フィルムが発明されたのは，1884年，イーストマン（George Eastman 1854-1932）の発明によるものです．彼は1893年にイーストマン・コダック会社を設立しました．太平洋戦争後のカメラのフィルム業界では群を抜いて市場を席巻していました．コダック・ブランドのカメラもありました．

銀塩カメラにはフィルムという統一された「容れ物」があり，現像やプリントの工程が決まっていたので，そのフィルムに，いかに発色が奇麗で味のある感光ができるか，という技術競争がカメラ業界の共通のテーマでもありました．

シャッターを切った段階で，フィルムの性能やラボの技術に写真の出来栄えを託してしまい，作業のための時間を必要とするもどかしい立場を経験していたわけです．

したがって撮影のときに，絞りや露光時間を変えて何とおりかの写真を撮っておくことがプロの常識でもあったようです．

それでも，動きの速い被写体の撮影には，一発勝負でタイミングやアングルを狙わなければならず，失敗すると「撮りかえし」のつかない事態になってしまいました．

このように写真の成功の鍵をフィルムというカメラ以外の分野に託したカメラ業界はどんな武器を抱えて戦ってきたのでしょうか．

その筆頭がレンズの良さといえるでしょう．レンズが良いといってもいろいろあります．

撮った画面のすみずみまで細かな美しさや味が残っているか，や，少々の暗さにに平気な明るさがレンズで稼げているかなどです．

交換レンズの品ぞろえもカメラ会社の武器になったといえます．

このように考えると，レンズが自作できるカメラ・メーカーがアナログ時代の業界をリードしてきたことがうなずけます．

これらの競争はデジカメの時代も同様ですが，特に銀塩カメラにとっては必須であったといえます．

デジカメの技術

デジカメは，いたるところにデジタル技術が使われており，デジカメをひととおりおさらいするだけで，デジタル技術だから達成できる機能や性能が見えてきます．

これからはもっぱらデジカメについて蘊蓄（うんちく）を傾けることにします．

撮像素子

撮像素子はCCD（Charge Coupled Device）とCMOS（Complementary Metal Oxide Semi-conductor）が主流です．いずれもシリコーン基板の半導体のデバイスです．

それぞれに特長がありますが，原理は半導体独特の難しいお話になるので名前だけ紹介しておきます．

図8-4はレンズ交換式の一眼レフ・デジカメの受光部の大きさを示したものです．**図8-1**（p.55）の受光部も確認してください．大きい方の「36×24」は35mm判の銀塩フィルムと同じサイズで「フルサイズ」と呼ばれます．小さい方の「24×16」は，一眼レフ・カメラの多くが採用している「APS-C」と呼ばれるもので，フルサイズの縦横各70%の大きさです．

ここに示した以外のサイズもあります．

撮像素子はデジカメを購入するときに気にする特性の上位項目です．とりわけ「画素数」はプロや

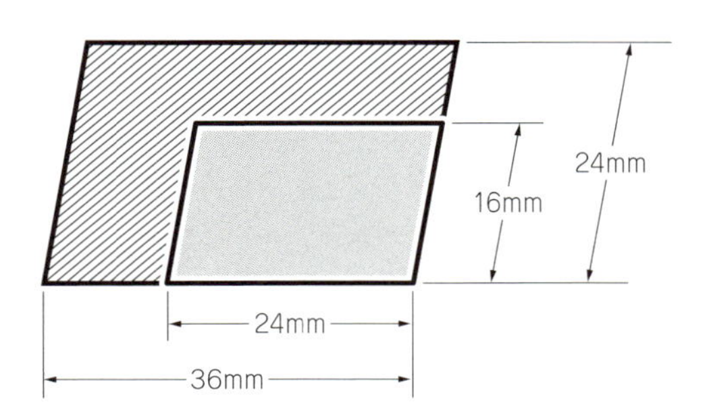

図8-4　撮像素子のサイズ

8

マニアにとって重要な項目です．しかし，画素数が多いほど画質が良いというわけではありません．撮像素子は被写体の受光によって電気信号に変換しますが，色の階調表現を左右する「ダイナミック・レンジ」と呼ばれる性能にも関与しており，その機能部分と，画素数に預かる部分とで撮像素子全体を「住み分け」しています．

図8-4(p.57)に示したようなサイズは大きければ大きいほど高画質化の余裕があるということになりますが，この「住み分け」のしかたを細かく研究・工夫して，色調ともども画素数の向上に寄与するよう努力が続けられています．

とはいえ画素数はカメラの使い方にも関連する重要な要素です．

図8-5はデジカメを2つのモードで撮影したときの結果を比較したものです．

ある種のデジカメには撮影するときの画素数の設定モードが備わっています．1つのモードを1,790万画素に設定し，もう1つのモードを35万画素に設定して撮影しました．

図8-5の③は書物の題字ですが，これを撮影した後トリミングによって「ン」の字を抽出し，①や②にプリントしたものです．

1,790万画素と35万画素を比較するのは極端だと思われそうですが，この中間の画素についても類推できるだろうと思います．

さて結果は一目瞭然です．画素数を少なく設定した方は，ギザギザが目立っています．しかしよく考えてみましょう．

1,790万画素の方は素子の上で占める記録サイズが6.4MBであるのに対し，35万画素の方は記録サイズが0.3MBというように5%弱にとどまっています．そうです．目的によって画素設定を使い分けることをお勧めします．

整理してみますと，1,790万画素で設定して撮影するのは，A3サイズのプリントをするのに向いていますし，35万画素で設定して撮影するのは，メール用に適しています．フィルムのカメラではこのような芸当はできません．画素が少ないから

① 1790万画素で③のような書物の題字を近接撮影した

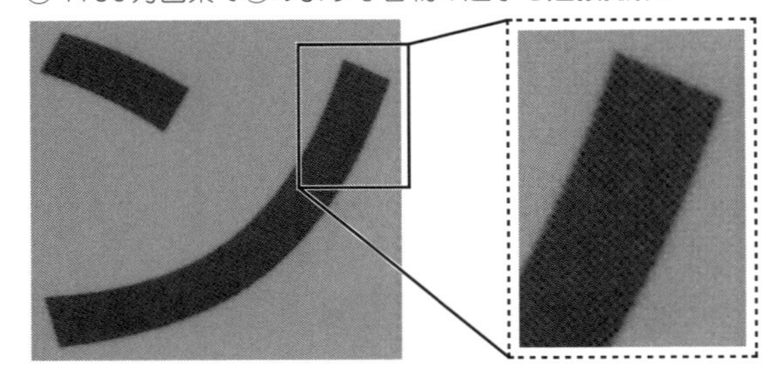

② 35万画素で③のような書物の題字を近接撮影した

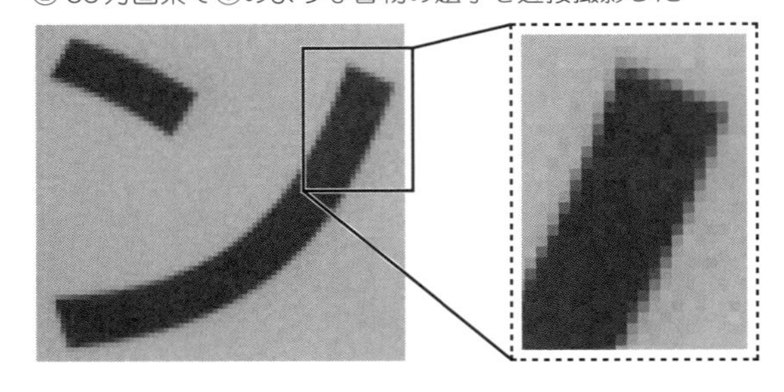

③ 近接撮影に使った書物の題字(CQ出版社)

基礎から学ぶ
アンテナ入門

図8-5　1790万画素と35万画素で撮った文字を拡大比較した

といって蔑視してはいけません．

銀塩カメラは何千万画素なの？

デジカメの出はじめは，銀塩カメラと比較されてこんなものは使い物にならない，と一蹴されたものです．世の中引き続き画素の大きさ競争は続いていますが，この本が出版される頃はすでに数千万画素のデジタル一眼レフ・カメラが市販されています．

(画素の)細かさといい，色の美しさといい，私たちが日常撮ったりもらったりする写真の出来栄えとしてはもはや完璧です．

（a）コンパクトフラッシュ

（b）SD カード

（c）メモリスティック

写真8-1　記録メディアのいろいろ

さて「銀塩カメラは何千万画素なの？」という質問をされることがあります．銀塩のフィルムや写真の印画紙は**図8-5**で見るようなギザギザはありません．化学的な生い立ちから考えても，画素の痕跡を探すのは無意味なことですから，デジカメの知識で銀塩カメラを評価するのは適当ではありません．

記録メディア

図8-2（p.56）で見てきたように，アナログ・カメラの場合は，銀塩フィルムをデータの運び屋として現像以降の工程につなげることになっていますが，デジタル・カメラの場合は，記録メディアを運び屋としてモニタ（ディスプレイ）で見たり，印刷したりするというステップを経ます．記録メディアはカメラのメーカーによっていろいろな違いがあります．

写真8-1に記録メディアの事例を紹介します．他にもスマートメディアやxD-ピクチャーカードなどがあります．写真は左から順に「コンパクトフラッシュ（CF）」，「SDカード」，「メモリスティック」です．CFは比較的大きいのですが歴史は古く，カード自体にコントロールICが内蔵されており，読み書きの速度を高速にできます．CFメモリを使ってパソコンの内蔵HDD（ハードディスク）を半導体化することもできます（SSD）．

SDカードはサンディスク，パナソニック，東芝の共同開発によってできたものです．

メモリスティックはソニーが規格を提唱しており，バリエーションもあります．

このようなメモリは半導体を駆使するデジタルだからこそ可能になっているものです．

撮像素子は一時的に受光結果を蓄える揮発性メモリですが，記録メディアはデータを蓄え続けなければならないので不揮発性メモリです．

揮発性メモリというのは，電源が切れた時にはメモリ内容が失われるものです．

モニタ

カメラにモニタ（ディスプレイ）が付けられるのはデジタルだからこその特徴です．

デジカメでは，写真がブレてないか，ピントが合っているか，構図は良いかなどなどを液晶モニタなどで確認することができます．

モニタには自身が発光する有機ELなどもあります．

液晶は化学と電気の相互乗り入れ分野の製品で，原理は結構複雑な説明を必要とします．テレビやパソコンのパーツでもあるので興味のある方は別の資料で勉強されることを期待します．

モニタで知っておきたい特性に「解像度」があります．

図8-5で撮像素子の画素を見たように，モニタにも画素があります．モニタの場合はこれを解像

度と呼んでいます．その能力を「dpi（ドット・パー・インチ）」で表します．

1インチあたりの「点」の数のことです．この表現はスキャナの特性にも使われます．

もう1つモニタには「階調」という特性があります．

モニタにはRGBの3色に2階調とか3階調という色の段階設定があります．2階調とは23の8色が使われるということで，8色のクレヨンで色を塗ったような写真ができることになります．最高の色使いは256階調で，2563すなわち16，777，216色のフルカラーです．

階調はパソコンのモニタにも設定されますが，その値が大きいほど多くのメモリを使うことになります．

ISO感度

ISO感度は銀塩カメラにももちろんありました．暗いところを明るく撮りたいときにISO感度の高いフィルムを入れて撮影したものです．ISO感度はそのフィルム丸ごと同じ感度なので，そのフィルムで一夜明けて明るくなった野外を取るにはISOが大きすぎる問題があり，ISOのフィルムに合わせてカメラを準備する必要すらありました．

デジカメはその点便利です．ボタン操作だけで都度ISOが設定し直されるからです．

デジカメのISO設定は電気信号の増幅度を調節することで，デジカメが「電子カメラ」であることの最大の利点ということになります．

なおISOとはInternational Organization for Standardizationの略で，国際標準化機構の略およびそれが定めた規格のことをいいます．

シャッター

シャッターはフィルムや撮像素子への露光時間をコントロールする機能があります．

銀塩カメラの時代からいろいろなメカ的なシャッターが考案されおり，それぞれに特徴がありますが，デジカメ独特の方法に受光素子からの信号の取り出しを電子的にON/OFFする「電子シャッター」があります．電子的なデータの加工や移動を扱っているデジカメにとっては，まさにうってつけの方法といえます．

カメラ付きの携帯電話やスマートフォンでも主流になっています．

オートフォーカス

被写体との距離データを自動的にカメラに取り込んでピント合わせに寄与させる機能です．この機能は銀塩カメラにもありますが，カメラの代表的な機能なのでひと言触れておきます．

方法は主として2通りあります．1つは被写体に向けて赤外線や超音波を照射し，その反射波を捕らえて時間差や角度を算出する方式ですが，被写体との間に板ガラスなどがあると誤算することがあります．

もう1つは受光した画像によって距離を測定する方式です．遠距離のピント合わせも可能ですが，コントラストの低い被写体は苦手としています．

両者を併せ持っているカメラもあります．

手ぶれ補正など

各社のカメラに手ぶれ補正という機能が盛り込まれており，どんなことをしているのか気になるものです．メカ的に補正する方法は，振動ジャイロ・センサを搭載してカメラ本体の動きを検出して補正するもの．また電子的に補正する方法は，数枚の画像を一時的にメモリに保存し，手ぶれした分を編集によって補完するものです．

その他ストロボを使用したときの被写体である人の目が赤くなる「赤目」防止など，カメラはデジタル化以降ますます多機能化，高機能化されています．

第9章 デジタル・マルチメータ

デジタルという言葉を冠した凄いやつの1つにデジタル・マルチメータがあります．この簡単なものはデジタル・テスタと呼ばれています．

いままでの章に出てきた時計，CDプレーヤ，テレビ，カメラが生活に直結したグッズであるのに比べると，テスタは縁遠いと感じた人もいるかと思います．この本の読者でテスタを持っている人はどのくらいいるでしょうか．もしまだ持っていなかったらこれを機会に興味を持ちましょう．例えば，家庭の中のリモコンの電池がまだ使えるかどうかを自分でチェックできるのはテスタのおかげです．ホームセンターで手軽に購入できます．

この章ではまず昔ながらのアナログ・テスタをとことん理解したうえでデジタル化されたらどんな凄い奴になるのかをひもときます．珍しく回路の図記号を使って技術者らしい展開を試みます．

その名前

デジタル・マルチメータの対極にあるアナログの機器は，メーカーのカタログによるとアナログ・マルチテスタと呼ばれています．デジタルでメータを作ると，後ほど触れるように，わずかな手間で何でもできてしまうので単純なテスタで終わらせるのはもったいないことです．そこで「マルチ」を冠していろいろ商品性を付加しているのが現状でしょう．

対極にあるアナログのメータの方も対抗上「マルチ」を冠しているのではないかと思われます．しかしデジタルのメータほど「マルチ」と呼ぶにはもの足りなさを感じます．

写真9-1　アナログ・テスタの事例

アナログ・テスタの基本

普段テスタになじみのない人もこの際テスタを理解していただきます．

ここではアナログ・テスタについて総ざらいすることにします．

写真9-1はホームセンターで入手できる代表的な家庭用のテスタです．

写真のテスタで測定できる物理量は，

1. 直流電圧の測定
2. 交流電圧の測定
3. 直流電流の測定
4. 抵抗値の測定
5. バッテリの寿命チェック

などです．このほか市販されているテスタのその他の機能には，

6．コンデンサの容量測定

7．トランジスタの電流増幅率h_{FE}の測定

などもありさまざまです．

図9-1に上記1.～4.の機能の原理を整理しました．

①はアナログ・テスタの心臓部の等価回路です．500μAと200Ωは1つの事例です．この図で，針式メータの内部抵抗値と電流のフルスケール値が分かります．

このユニットは②以下のどの図にも出てきます．

②は直流電圧計として機能するときの回路です．加えた電圧（この例では500V）を抵抗Rと200Ωとで分圧した電圧 $500 \times 200 / (R + 200)$ がメータに加えられます．

③は交流電圧計です．上記②の直流電圧の代わりに，交流をブリッジで整流した直流が加えられています．交流は正弦波を測定したときの実効値で表示されるよう換算されています．もし測定する交流の波形が乱れていたら，大体の目安は分かりますが，何を測定しているのか分からなくなるので要注意です．

よく理解できなかったら，交流の場合はちょっと複雑なんだなあ，と思ってください．細かな説明は省略します．

④は直流電流計です．②のRが倍率器と呼ばれるのに対し，④のRは分流器（シャント抵抗）と呼ばれます．矢印のように電流が入り，出ていきます．

⑤は抵抗計です．電池はテスタに内蔵されているものです．

Rxという未知の抵抗値を測定する前に，まずこの抵抗部分を，テスト・リードの先端部分をショートすることによって0Ωにしておき，それから未知抵抗にすると，その分だけ電流が減るので，その減った分を抵抗値として目盛るのです． よく使われる機能なのでこの後引き続き解説します．

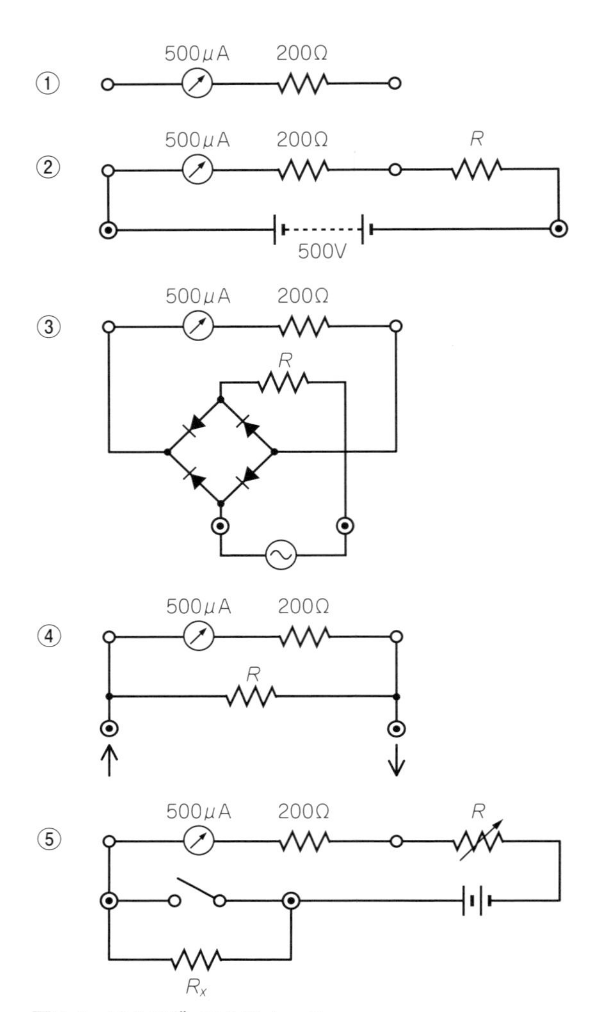

図9-1　アナログ・マルチメータ

抵抗値の測定

アナログ・テスタの出番で最も多いものの1つは，回路がつながっているかどうかをチェックすることでしょう．これを導通試験といいます．原理はいま述べた**図9-1**の⑤によりますが，改めて**図9-2**で測定の手順を整理します．

以下に述べた箇条書きの番号は，**図9-2**の中の番号と一致します．

1．はじめにスイッチを，OFFの位置から適当な抵抗のレンジに合わせます．

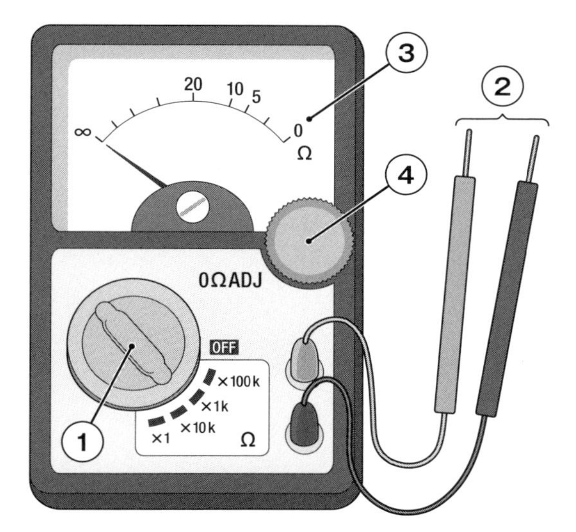

図9-2　テスタで抵抗値を測定する

2. 赤と黒のテスト・リードを接触させると針が動きます.
3. その針の示す値が0Ωになるように,
4. ゼロΩ調節用の可変抵抗器のつまみを回します.

その後赤と黒のテスト・リードを被測定物に当てて測定します. 抵抗値を測定したとき針がほぼ中央に来るようなレンジにセットすると読み取り誤差が少なくなるので, はじめにセットしたレンジが適当でないと思ったら, 再び項目1からやり直します.

単なる導通試験では, ×1のレンジで行えばよいでしょう.

また, 調べようとしている回路の中に電圧がかかっているときには電源を切って行うのが常識です.

ダイオードを調べるときには注意が必要です. Column (p.68) を参考にしてください.

バッテリの寿命チェック

写真9-1のアナログ・テスタの機能の中に, バッテリの寿命チェックという項目がありました. そういう機能のないテスタにも活用できるので方法を理解しておきましょう.

バッテリには, その端子に現れる電圧のほかに内部抵抗というものがあり, バッテリが疲れてくると, 内部抵抗の値が大きくなります. この内部抵抗の値が大きくなっても端子電圧を電圧計モードで測るだけでは, 疲れているかどうかを判定できません.

よほど疲れ切って泡でも吹いている状態なら即座に「もう駄目だ」という判定はできますが.

図9-3にバッテリの寿命をチェックする方法を示します.

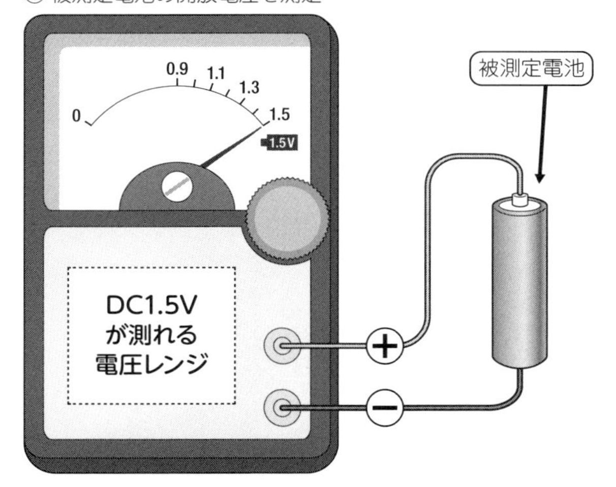

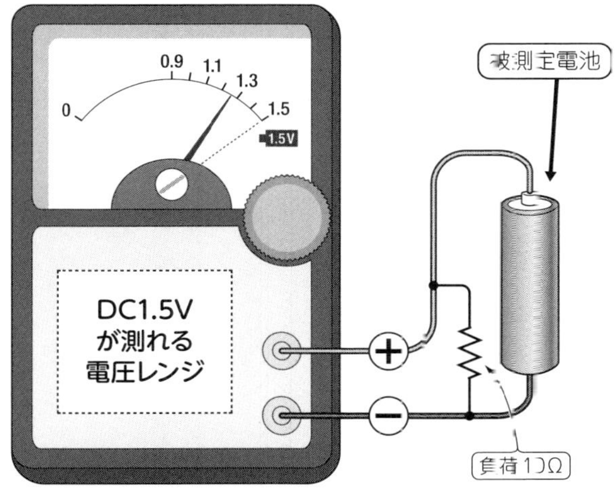

図9-3　バッテリの寿命チェック

バッテリはアルカリやマンガン電池の単1〜単5クラスを想定することにします.

図の①はチェックしようとしているバッテリの,(何もつながっていない)開放電圧を測定している状態です. この電圧を記憶しておきましょう.

図の②は電池の両端に10Ωの抵抗を負荷したときの電圧を測定している状態です.

図にはテスタの針が破線と実線で示されていますが, 破線の方は①の針の位置です.

10Ω負荷時の電圧は実線の方です. この電圧が低いほど疲れている状態です.

この電圧が何Vだったらもう使えない, という一般的な基準はありません.

例えば電動のおもちゃとしては電池寿命が来ていたとしても時計にはまだ使えるという微妙な違いがあるからです. 普通はこのような使い回しはしない方がよいのですが, いずれにせよこの電圧が何Vだったら寿命が来ているという経験値を(使用機器ごとに)記録しておくことをお勧めします.

ちなみに**写真9-1**(p.61)のアナログ・テスタにはバッテリの寿命チェックのポジションがあり, 内部に10Ωが内蔵されています. なお, ボタン電池を測定する場合は2.5Vが測れるレンジで測定するよう説明書に記載されています.

バッテリの寿命の関連で面白かった経験談を1つ紹介します.

電池式のアナログ(針式)時計が遅れ気味になったので電池の寿命を疑い, 時計を動作させながら, 露出している電池の端子をアナログ・テスタの電圧モードで調べたところ, テスタのリードを接触させたとたんに時計が止まってしまいました.

テスタの入力抵抗が負荷となり時計の電池の電圧降下が起こったのです. テスタの電圧モードの端子間抵抗は本来かなり高いはずなのに, それだけで時計がストップするほど時計の電池の内部抵抗が大きくなっていたという証拠なので, 電池の寿命はこれだけの作業だけで明らかになったというわけです.

デジタル・マルチメータの基本

はじめに**写真9-2**と**写真9-3**にデジタル・マルチメータの例を紹介します. **写真9-2**の方はややマニア寄りのデジタル・マルチメータで通常の電圧, 電流, 抵抗値のほか周波数, 静電容量, インダクタンス, 温度, など何でもござれの測定が可能となっています.

写真9-3の方は手軽なデジタル・メータで, 小さ

写真9-2
デジタル・マルチメータ

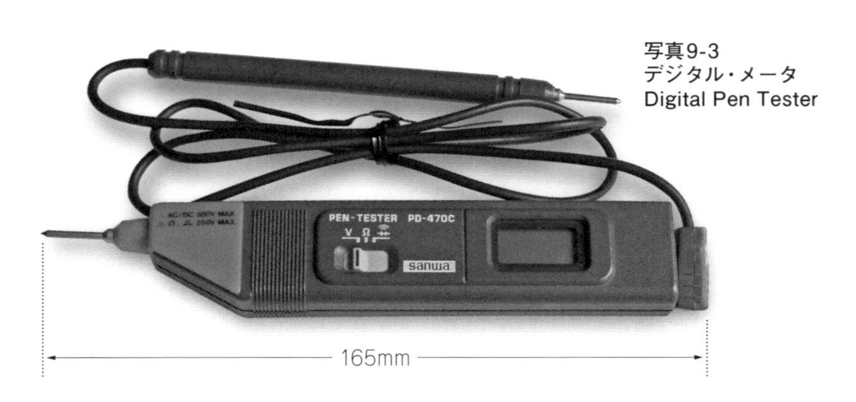

写真9-3
デジタル・メータ
Digital Pen Tester

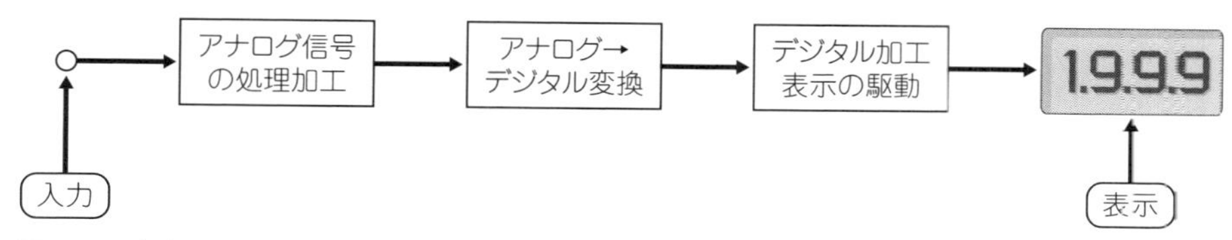

図9-4　デジタル・マルチメータのブロック構成

い分だけ測定できる物理量は限られており，電圧，抵抗値に絞られています．「Digital Pen-Tester」という名前が付いています．

アナログ・テスタの基本のところでは，電圧，電流，抵抗値の測定という標準的な機能を挙げました．いうまでもなくこれらの物理量はみなアナログ量です．

これらのアナログ量をデジタル・マルチメータの中で処理・加工するために，2つの重要なステップを経ることになります．

1つは，アナログ量を処理して正確な電圧を取り出すステップです．

これにはOPアンプというデバイスの技術が駆使されます．OPアンプについては別に勉強していただきたいのですが，何しろアンプのなかでは神様のような存在で，高性能の代表みたいなデバイスです（参考：吉本猛夫 著；「楽しく学ぶアナログ基本回路」，第10章，CQ出版社）．

次にこれらのアナログ量をデジタル量に変換しなければなりません．このような変換をA-D変換と呼びます．その回路にはいろいろな方式がありますが，ここでは詳細に立ち入らないことにします．

デジタル・マルチメータの中でどのような処理が行われているかを整理したものが**図9-4**です．非常に簡単です．アナログ信号の処理加工というブロックの主体は精度の高い抵抗器群とOPアンプで構成されています．このブロックで処理された精度の高いアナログ電圧はアナログ・デジタル変換器にかけられ，あとは加工が行われてデジタル表示器に送られるというステップになっています．これを測定モード別に具体的に示したものが**図9-5**（p.66）です．**図9-1**でアナログ・テスタの動作原理を整理しましたが，これと対比しながら**図9-5**を見ると分かりやすいと思います．

図9-5（p.66）で，

①は直流電圧計です．9MΩ～10kΩの抵抗群は（電圧の）分圧器です．この電圧を受け取るAD変換ブロックの入力回路はOPアンプで，入力抵抗は∞なので，抵抗器による分圧さえ正確であればよく，非常に簡単です．分圧器はアッテネータとも呼ばれます．

②は交流電圧計です．上記①と比較すれば分かるでしょう．

③は直流電流計です．各抵抗器は分流器でAD変換器の最大入力値を0.2Vとしたとき，分流器が1000Ωを選択していれば最大レンジが0.2mAとなり，分流器が100Ωならば2mA，10Ωならば20mA，1Ωならば最大200mAとなります．

④は抵抗計です．OPアンプは反転増幅器というモードで使われており，AD変換器の入力をExとすると，$Rx = R \cdot Ex/E$という関係式によって未知抵抗値Rxが算出されます．ここで，Rは図中のR_1～R_4のことです．

デジタル・マルチメータの豊富な機能

デジタルのメータのコンセプトには2通りの行き方があるようです．

1つは，アナログ・テスタを最低限デジタル化しただけの簡単なデジタル・テスタです．例えば**写真9-3**はデジタルであっても直流，交流の電圧と抵抗値の測定ができるのみです．せっかくコンパクトにまとまっているので，小さいことにメリットを絞り込んだ結果でしょう．ホームセンターな

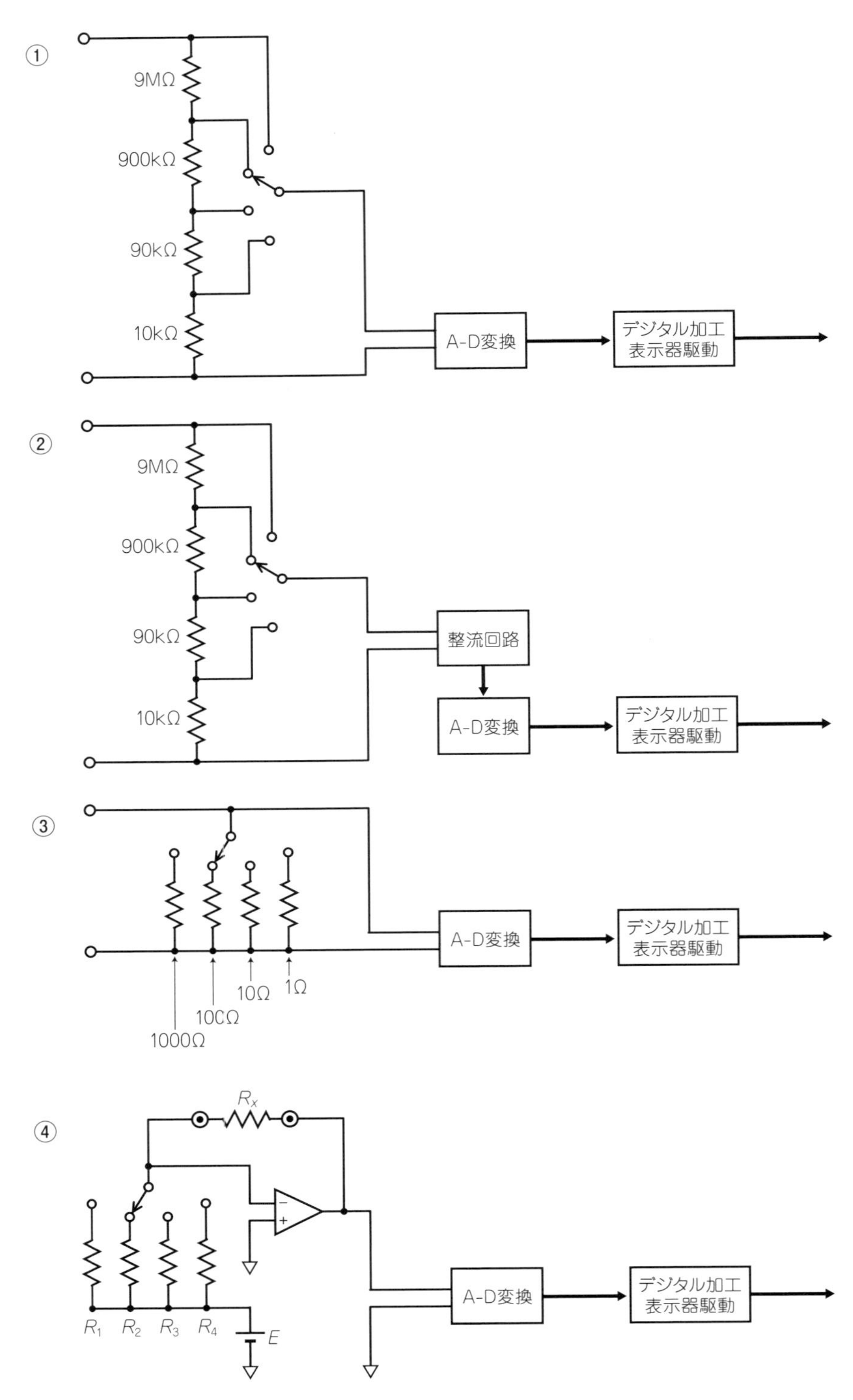

図9-5　デジタル・マルチメータ

どで入手できるデジタル・テスタの廉価版はこれと同様の機能のようです．

もう1つの行き方は「マルチ」の特徴を生かした「何でもありの商品性」を盛り込むことです．デジタル・マルチメータは，デジタル化する前にOPアンプを中心にアナログ信号を処理する段階があり，それらの多くはLSI化されていて潜在能力は大いに高まっています．少々のことは朝飯前にやってのけられるポテンシャルがあり，マルチにふさわしい多機能メータに仕上がっているのが現状です．

マルチメータがこなせる機能は，どの1つを取り上げても，単機能の測定器に力負けしない実力測定器になっています．例えば周波数測定機能を取り上げて周波数カウンタ専用機として常設しても問題ないほど優れた機能性能を持っています．

ではどのような機能が付加されているのか，実例を拾ってみることにします．

1. 周波数カウンタ
2. インダクタンス・メータ（Lメータ）
3. キャパシタンス・メータ（Cメータ）
4. ダイオードのチェック
5. トランジスタの電流増幅率（h_{FE}）の測定
6. 温度の測定
7. 導通テスト
8. ロジック・テスト（デジタル回路のON・OFF状態を調べるテスト）

物理量の測定ではありませんが，商品性を高めることも行われています．例えば，

a. バーグラフ表示機能
b. データ・ホールド機能
c. パソコンと接続してデータをやりとりする機能

などです．

アナログのテスタは，もともと電池を電源とする装置で，直流系の物理量を測定するのが宿命的な得意技であったといえます．交流の電圧や電流も測定できますが，対象となる交流を直流に直す整流を行ったうえでの測定でしたから，基本的には直流系の測定器だといえます．

デジタル・マルチテスタはICやトランジスタなどの半導体を使っていろいろなことが可能になりました．例えばマルチテスタの中でいろいろな種類の交流を作ることが可能になり，上記1.のように周波数をカウントする場合に比較される正確な基準周波数の発振器を内蔵できることになりました．

上記2.や3.のインダクタンスやキャパシタンスは，それぞれコイルやコンデンサの特性を表す物理量で，ここで原理や振る舞いの解説をすることはしませんが，いずれも交流独特の重要な物理量で，マルチテスタの中で構成された電子回路で上手に処理されているのです．

上記4.や5.についても半導体の動作の微妙な電圧や電流値を扱える電子回路が内蔵されたことによって実現されているものです．

こうしてできる，周波数カウンタ，Lメータ，Cメータなどは，いずれも単独の測定器としても市販されており，それらと比べて遜色ない機能，性能を持っています．**写真9-2**（p.64）のデジタル・マルチメータはまさにその実例です．

単独で測定器として市販されているようなものは，いずれもかなり高価でアマチュアが手元に揃える設備としては二の足を踏むようなものばかりですが，デジタル・マルチメータで一挙に実現できるならば，大変ありがたい商品ということになります．

なお，アマチュア向けにはキット販売もあるようです．

上記6.の温度計はセンサとの組み合わせによって実現しているものです．センサは測定する物理量によって種類も多く，センサ（千差）万別ですが，結局測定した物理量の検出値が電圧として得られるので，それから先はデジタル・メータのお手の物ということになります．

デジタル・マルチメータのカタログや取扱説明書を，じっくり時間を掛けて読むと面白いものです．

使い方の参考書としては，「テスタとディジタル・マルチメータの使い方」（金沢，藤原共著　CQ出版社）などがあります．

9

Column ⑤ ダイオードの抵抗値を測る

ダイオードの抵抗値は，単純に「×Ω」といってはいけません．ここではアナログ・テスタでダイオードの抵抗を測定する実験を紹介します．

針式のアナログ・テスタは，抵抗計モードでは黒いリード線の方がプラス，赤いリード線の方がマイナスになっており，何かを測定するときには，黒い線の方から赤いリード線の方に電流が流れることをすでに知っていますよね．

図9-Aはダイオードの抵抗値を測定する接続になっています．そしてダイオードにかかる電圧をデジタルマルチメータの電圧計モードで測定しています．

その右にある測定値のリストは，アナログ・テスタの測定レンジを4通り変えて測ったときの抵抗値を示してあります．さらにその右にあるリストは，4通りのレンジに対してダイオードの（デジタルマルチメータの測定による）電圧値がどのように対応しているかを示したものです．具体例でいえば以下のようになります．

アナログ・テスタのレンジを10Ωに選んで測定すると，65Ωという測定値が出ました．そのときダイオードの両端の電圧は0.71Vでした．

なぜデジタルマルチメータを使うかというと，入力抵抗が非常に大きく，ダイオードの両端に接続しても，アナログ側に影響を及ぼすことなく電圧だけを測定できるからです．

以上の結果，ダイオードにかかる電圧が小さければ，ダイオードの抵抗値は大きく測定され，電圧が大きければ，ダイオードの抵抗値は小さく測定されることが分かります．

この端子電圧を横軸にし，測定値を縦軸にして「電圧 vs 抵抗値」をグラフにしたものが**図9-B**です．電圧が0.7V付近を超えるとダイオードらしい低い抵抗値を示すことが読み取れます．

だからダイオードの抵抗値を測定したら単純に×Ωだった，と結論付けないように注意しましょう．

なお実験に使ったサンプルのダイオードは，小信号用の1S1588でした．

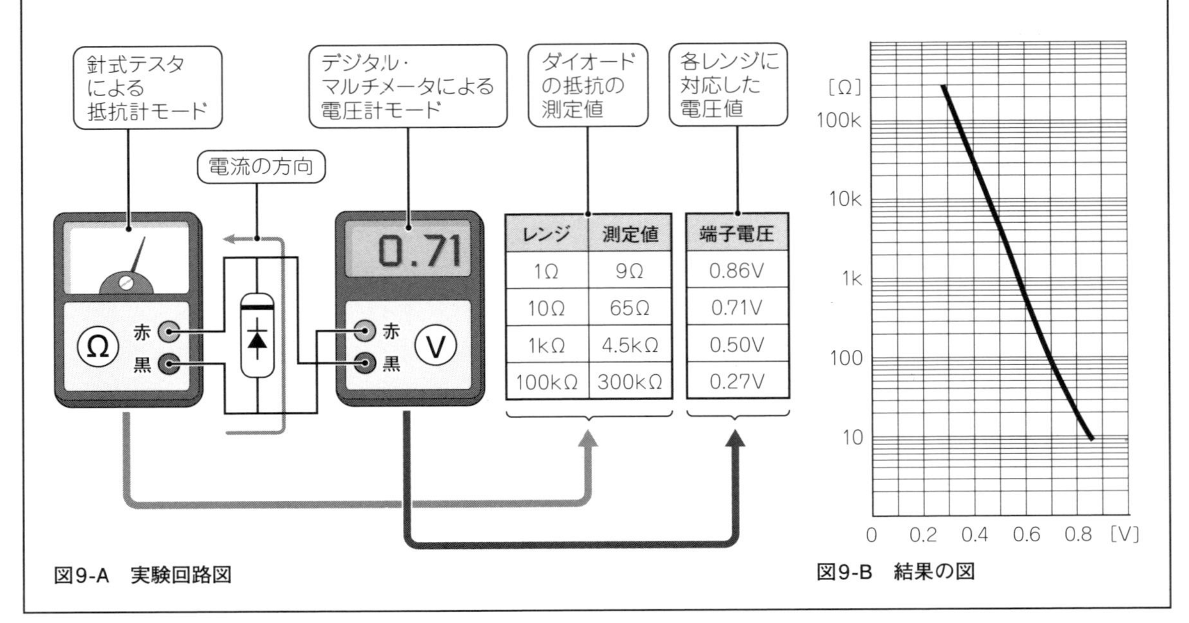

レンジ	測定値
1Ω	9Ω
10Ω	65Ω
1kΩ	4.5kΩ
100kΩ	300kΩ

端子電圧
0.86V
0.71V
0.50V
0.27V

図9-A　実験回路図

図9-B　結果の図

まだまだいるぞ デジタルの猛者(もさ)達

第4章以降に，時計，CDプレーヤー，コンピュータ，テレビ，カメラ．デジタル・マルチメータ，と，デジタルの話題から切っても切れない製品群をテーマに，アナログではどうだったか，デジタルではどう変わったか，という切り口で解説を進めてきました．

しかしまだ大物が残っています．この章ではその大物（ついでに小物）をまな板にのせてみようと思います．

携帯電話とスマホ

まずこれをテーマにしますが，なぜ第4章以降のまとまった章で取り上げなかったのかといいますと，1つの章ではまとめきれなかったからです．内蔵している機能が多く，技術も多岐にわたり，高度で難解なものばかりだからです．

昨今，電車に乗ると，向かい側の席の半数以上の人がスマホらしきものを手にして見入ったり操作したりしている光景に出合います．

まさにデジタル文化に自在に操られているさまです．

スマホは「何でもあり」のデジタル端末といっても過言ではありません（**写真10-1**）．

もちろん電話機能はあり，ほかにも

1. 時計
2. 電子メール
3. インターネット利用
4. テレビ視聴
5. カメラ機能
6. 音楽
7. 動画，ムービー
8. 電子辞書
9. 音声認識

など，これだけでは収まりきれない機能満載です．

時計，テレビやカメラはその単独の項目だけですでに1章ずつを割いて説明してきたほどです．

したがって携帯電話とスマホはデジタルの大物中の大物ということを再認識したところでこれ以上深入りしないことにします．とにかく「何でもあり」の猛者です．

写真10-1　一般的なスマートフォン

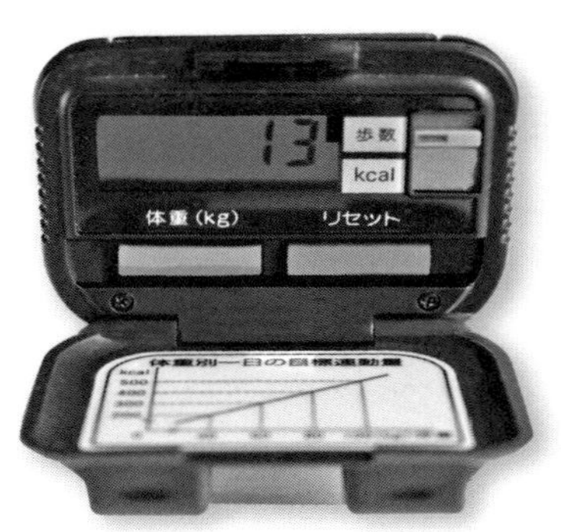

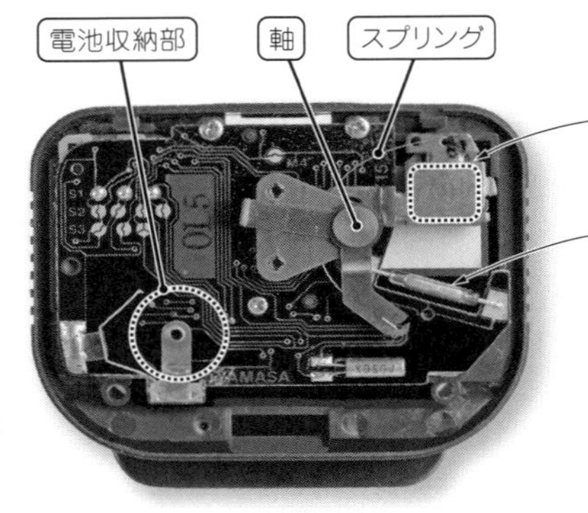

写真10-2　歩数計の外と中

数取器，歩数計

最も単純なデジタル××計は，一対の「ON/OFF」の回数を数える単なるカウンタです．例えば交通量の調査で，目の前を通行人が1人通ったらボタンを1回プッシュしてカウント値を1だけ増やす，ご存じのあのカウンタ「数取器」が最も単純なデジタル・カウンタです．

このカウンタは以前からありましたから，第1章によればアナログと呼んでもよいことになります．すなわちアナログのデジタル・カウンタです．ちょっと変ですねえ．

ホームセンターでは数取器も販売されていますが，デジタル数取器も同じコーナーで販売されています．数値の読み取りが液晶のデジタルになっているものです．

数取器より少し複雑なものに歩数計があります．その事例を見てみます．

カバーを開いて操作面を見た状態と，内部を見た状態を**写真10-2**に示します．

歩数をカウントするメカニズムは，右の写真にも示したとおり，上下に動く軽い磁石の振り子が軸を中心に回転し，最下端に来たときリード・スイッチをONにする構造になっています．磁石の振り子が上下に揺れることによってON/OFFを繰り返すので，そのままカウンタのデバイスで数えることができるのです．その後は単純な計数装置に任せるだけです．

この歩数計の機能は歩いた歩数を表示するほか，体重を入力しておいて消費カロリーも表示できるようになっています．デジタルの計算機能が付加された結果です．

重量計

重さを計る機器を考えてみます．体脂肪も計算してくれる体重計（**写真10-3**），郵便物の封筒や指輪などの小物の重さを測る卓上ミニ重量計（**写真10-4**），積載量を自動車ごと測る（台貫などと呼ばれる）大型の重量計等々いろいろあります．

重さという物理量を重量センサによって電気信号に変換し，その大きさをデジタル・マルチメー

写真10-3　体脂肪測定機能付きの体重計

写真10-4　封筒や小物の重さを測るための重量計

タで測定し表示するという構図は，測るものの大きさと表示の大きさの違いはありますが，どの重量計でも同じです．

このことをブロック図で表現したものが**図10-1**です．重量センサは重量を電圧に変換してくれます．その電圧をデジタル・ボルトメータで数字に変換して表示してくれさえすれば，デジタル重量計ができ上がるのです．

図10-1はあらためて説明するまでもないでしょう．センサ以降のブロック構成は第9章の図9-1（p.62）とまったく同じです．

これらの機能をまとめて集積化したLSIを使ったデジタル××計が多数存在しますが，基本的には**図10-1**のような機能の流れとなっているのです．

さてこのブロック構成は重量計だけでなくデジタル温度計やデジタル照度計などほとんどの「デジタル××計」に当てはまります．まさにセンサとデジタル・マルチメータのコラボレーション機器です．

物指し，距離計

重量計の例を取り上げましたので，今度は長さを測る物指しのデジタル計を考えてみます．長さにもいろいろあります．針の直径のようなサブミリの領域から，kmオーダーのものまでいろいろです．不連続の2点間は距離などという表現になります．

規模の大きい距離の測定，例えば地球の表面から月の表面までの距離は電波で測ることができます．直接VHFやUHFの電波が届かない地域にいるアマチュア無線の仲間どうしは，直進性の鋭いこれらの電波を月面に向けて発射し，その反射波を受信することによってお互いが交信するという離れ業をやってのけています．

E-M-E通信といいます（Earth-Moon-Earth）．このような電波の出し方を利用すれば地上から月面までの距離を知ることができます．

すなわち電波を発射した瞬間から反射波が戻ってきた瞬間の時間差が分かれば，その時間差（秒）に電波の速度2.99792458×10^8mを乗じれば電波が往復した距離が算出されます．逆にいえば，地上から月面までの距離を38万kmとするとこの2倍を光速で割れば38万km×2÷30万km/s＝約2.5秒となりその時間差は約2.5秒ということになります．

40kHz程度の超音波を使った距離測定センサもあります．超音波を発射し，対象物から反射してくるまでの時間を測って測定器と対象物の間の距離を計算するもので，数cmから数mまで測れるようになっています．分解能（精度）は3mm程度です．

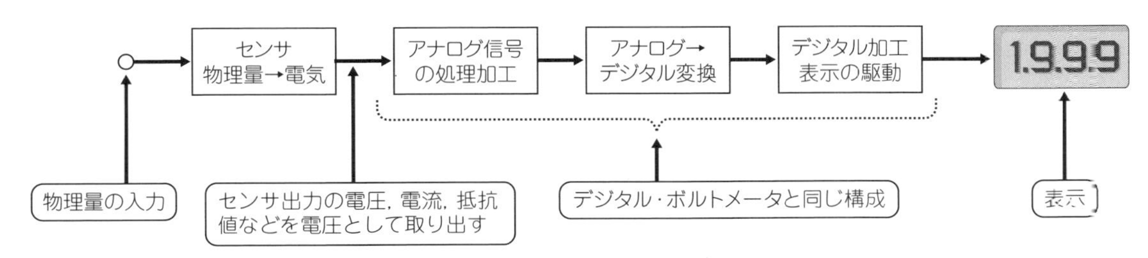

図10-1　センサを使ったデジタル××計のブロック図

この場合のセンサは，距離を直接測定するセンサではなく，超音波の発射装置と受信装置とを組み合わせて作るセンサ・モジュールです．

反射しにくいモヤモヤッとした対象物には不向きです．またガラスの向こうの対象物も測定には適しません．前方のガラスで反射が行われるからです．

超音波といわず通常の音，例えば雷が「ピカッ」と光ってからゴロゴロ音が聞こえるまでの時間を測れば，音速と掛け算して雷がどのくらいの距離のところにいるのかが分かるという原理と同じことです．

また同じ理屈で，レーザー光を使えば，非常に正確でもっと長距離の対象物との距離を測ることができ，商品化されています．

商品の機種によってさまざまですが，カタログによると，5cm～200mとか，400mを±1mの確度で測定できるなどの性能が示されています．

話が戻りますが，超音波やレーザーを使ったデジタル距離計は，車が頻繁に通る道路の両側間の距離を測るとか，川の両岸間の距離を測定するときなどに威力を発揮します．

身の回りのデジタル××計はセンサによって演出される

歩数計，長さ計，重さ計を見てきましたが，いずれも「デジタル××計」などと呼ばれる機器です．デジタル××計は**図10-1**のようになっているといいましたが，センサとデジタル・マルチメータとのコラボレーションはセンサの種類が豊富にあるため，いろいろな展開があります．センサの種類はまさに千差万別（センサばんべつ）です．

センサの開発メーカーも，大手電気会社を含め数十社が名乗りを上げており，雑誌の広告やカタログを眺めるだけで楽しいユニークなセンサに出合います．どのようなものがあるのか眺めてみましょう．

気圧センサ，加速度センサ，においセンサ，温度センサ，照度センサ，飲酒測定センサ，pH測定センサ，速度センサ，赤外線や紫外線を含む光のセンサ，等々がすぐにでも使ってください，というような顔をして出番を待っています（秋月電子通商など）．

センサから出力した電圧を利用して針を振らせるような，アナログ××計も考えられないことはありませんが，**図10-1**のような手順でデジタル表示するようなデジタル××計はデジタルだからこそできる××計といえます．

デジタルを駆使したラジオやレコーダ

携帯電話とスマホに始まり，デジタル××計の，デジタルゆえの凄さを見てきたところですが，身近にある目立たない機器にデジタルの凄い機能が再発見できます．

ラジオやテレコは私たちに非常に近い存在で，しかも，デジタルとは無縁とされている機器だと思われます．ラジオもテレコもアナログ製品だと思われていると思いますが，ひと昔前まではそうでした．

最近の製品は凄いデジタル製品です．どのように凄いのか再発見しましょう．

プリセットできるラジオ

ご存じだと思いますが，ラジオのプリセットというのは，その地域の放送局の受信周波数をあらかじめ受信機（ラジオ）に記憶させておき，受信時に，その都度チューニングつまみで選局することなく，ダイレクトに希望の放送局にアクセスする方式のことをいいます．

アナログ時代にもプリセットできるラジオがないわけではありませんでした．覚えている方もおられることと思いますが，一昔前のカーラジオにはプリセット方式が採用されていました．その方式はあらかじめ放送局を受信しておき，その時のダイヤル位置を，数ボタン分だけメカ的に記憶させる方式でした．そのプッシュボタンを押すときには結構重量感を感じたものです．

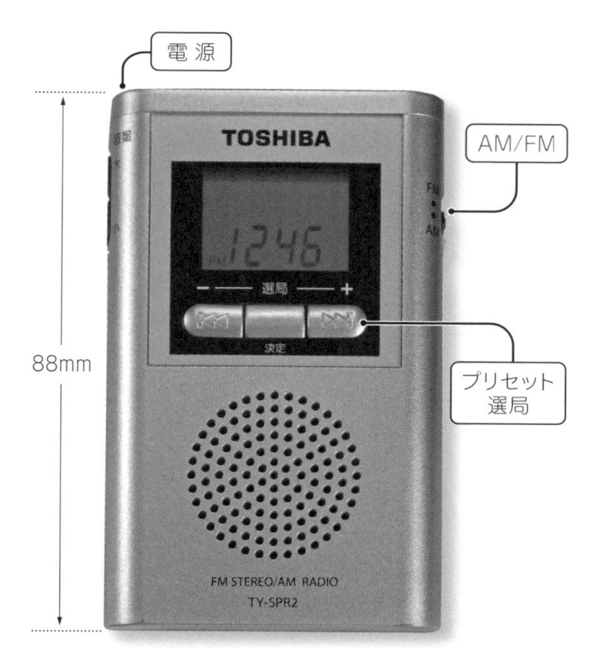

写真10-5　AM/FMポケットラジオ

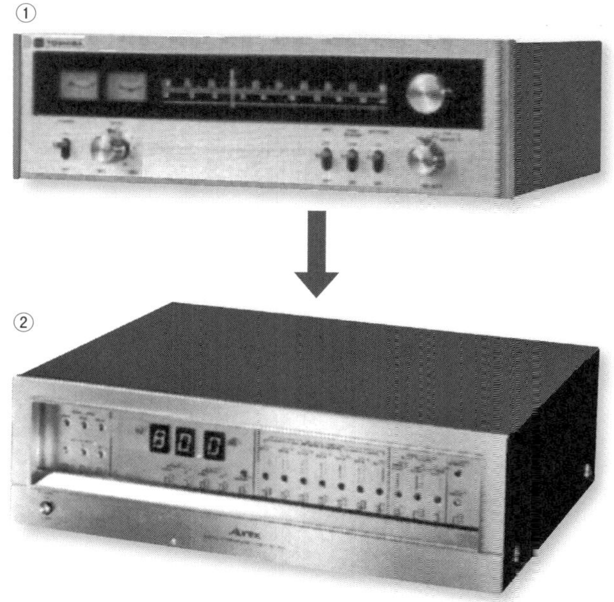

写真10-6　アナログ・チューナからシンセサイザ・チューナへ

しかしカーラジオを含めラジオ全体のIC化が進むにつれ，ラジオの回路が極度にデジタル化され，副産物として，小さなラジオにもプリセット機能が取り入れられるようになりました．**写真10-5**は最近のポケッタブル・ラジオを示したものです．写真には直接見えてはいませんが，上面にはプリセットを設定するボタンが付いており，数十局のプリセットができるようになっています．

写真に寸法を示したように，こんな小さなラジオにもプリセット機能が取り入れられるようになっています．

なぜプリセットできることが凄いのでしょうか．

その背景は，シンセサイザによる受信方式にあります．

シンセサイザによる受信機

そもそもラジオもチューナも，受信機の大部分が「スーパー・ヘテロダイン」と呼ばれる方式の回路構成を採用しており，例えば（76.0～90.0MHzを受信する）FM受信の場合は，この周波数より10.7 MHzだけ低い周波数を連続的に作り出す発振器を内蔵して，この周波数を増減させることで，いろいろな放送局を選択受信することをやってきました．

その発振器は，局部発振器と呼ばれましたが，スーパー・ヘテロダイン方式がスタートしたときから，コイルと（可変）コンデンサを使用して発振させるのが定番でした．

この本のテーマの「アナログ vs デジタル」という切り口から見るとまぎれもないバリバリのアナログ回路でした．

世の中のデジタル化の波に乗って，この局部発振器をデジタル化し，その周波数を，デジタル信号の掛け算をしたり，足したり，引いたりしながら作り出すシンセサイザという技術を力ずくで試みた勇敢なメーカーがあります．当時のAUREXブランドです．

Hi-Fi競争華やかなりしオーディオ界で，発振用トランジスタなら1本で済むところを，TTL（Transistor-Transistor Logic）と呼ばれるデジタルICを約100個使って，シンセサイザ・チューナを開発，発売したのです．1974年のことです．

この結果，周波数を指定する命令だけで，局部発振周波数を発振させるデジタル回路ができあがることになりました．従来のアナログ発振に対して，周波数が連続でなく，任意の周波数指定によってランダムに発振させることが可能になったのです．周波数を連続に変えるということは選局に時間がかかり，最適受信状態の「合わせこみ」に注意と時間を必要としました．周波数を正確にランダムに発振させることができるシンセサイザ方式と比較すればどちらに軍配が上がるかはっきりしています．

こうして，チューナの周波数のプリセットも自在にできるようになりました．

プリセットが可能ということと，シンセサイザとは一体の技術でした．

その変化のBefore-Afterを**写真10-6**（p.73）に示しました．ご覧のように①のアナログ・チューナにあったチューニングつまみが②のシンセサイザ・チューナではなくなり，プリセット局優先のチューナに変わっています．

その後TTLのICを約100個使ったというびっくりするような挑戦はICの集積化が進むにつれ，1つのLSIにまとめられるほどの合理化が進み，**写真10-5**（p.73）に示したようなポケッタブル・ラジオにも適用できる状態にまで及んでいます．

念のため**写真10-5**（p.73）の小さなラジオのふたを開け，中をのぞいてみましたが，中央にLSIがチョコンと鎮座し，昔と変わらないのはフェライト・アンテナのみという異様な姿に直面することとなりました．まさにデジタル革命を感じる変化です．

シンセサイザという言葉は，楽器の世界でも一般的になっています．区別するために今述べたシンセサイザは「周波数シンセサイザ」と呼んで区別しています．

ICレコーダ

ラジオとともに普及していたものにテープ・レコーダがあります．最近まで普及していたのは「カセット・テレコ」です．このテレコがラジオのプリセット化とともに様変わりしています．デジカメが半導体メモリに映像を記録するようになって，フィルムから解放されたことと同様に，レコーダが半導体メモリに音声を記録するようになって，カセット・テープとのしがらみから解放されてきたのです．しかも良いことだらけです．

1. テープが不要になった．
2. 録音形式がリニアPCMという最高音質で記録可能になった．
3. 内蔵メモリ次第で約1,000時間近い録音が可能になった．テープならせいぜい2時間程度．
4. テープであれば早送り，巻き戻しの操作にかかる時間が待ちきれなかったが短時間で実現できるようになった．
5. 再生のスピードが30段階というようなバラエティに富んだものになった．

いずれもデジタル化したことの産物です．

もちろんパソコンとの相性は抜群に良くなっています．

もともとカセットサイズの小さい，マイクロカセット用テープ・レコーダの，①Before-②After例を**写真10-7**に示します．両者の相対的な大きさはほぼこの写真のとおりです．

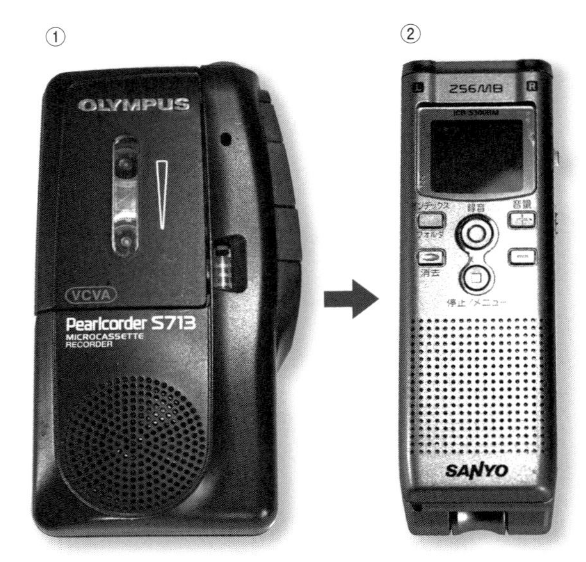

写真10-7　アナログ・マイクロ・カセット・レコーダからICレコーダへ

Column 6 電卓を使った電子数取器

電卓を使った数取器です．写真は比較的古いタイプの電卓を紹介していますが，数取器として使用できる条件は，置いた数値をメモリにプラスできる機能（M+），メモリに入っている数値を読み出せる機能（RM），メモリの中をクリアする機能（CM）の3つの機能を持っていることです．

置いた数値をメモリから引く機能（M－）もあれば便利です．

それぞれの機能の呼び方は，以下のとおりです．

M+ ：メモリ・プラス
M－ ：メモリ・マイナス
CM ：クリア・メモリ
RM ：リコール・メモリ

使い方を説明します．

1. 電源スイッチを入れます．この電卓の例では太陽電池を使っているので電源スイッチはありません．したがって，まず「AC」（オール・クリア）キーを押します．
2. 念のため「RM」キーを押してみてゼロが戻ってくることを確認します．

以上で準備完了です．

3. カウントを始めます．カウントは，テン・キーの「1」を押し，続けて「M+」キーを押すことを組にして毎回行います．
4. 途中の小計を見るには「RM」キーを押せばOKです．
5. 途中の小計を見たあとでカウントを続けるには，小計の数字にお構いなく，また「1」を押し，続けて「M+」を押して作業を続けます．
6. カウントするとき，例えば「1」+「M+」+「1」+「M+」は結果として「2」を入力することになるのですが，目の前で明らかに「1」が続けてくることが分かっていれば，はじめから「2」と置数して「M+」キーを続けてもOKです．
7. 同様に，［10」程度であれば目で数えておき，「1」+「0」と置数して「10」にした上で「M+」キーを押してもOKです．しかしあまりこのような便法を繰り返すと操作がコンガラガッテしまうので，まとめて入力するのは，せいぜい「3」程度にとどめておいた方がよさそうです．
8. 電卓ですから，集計された数字をもとに何かを計算するのに便利ですよ．

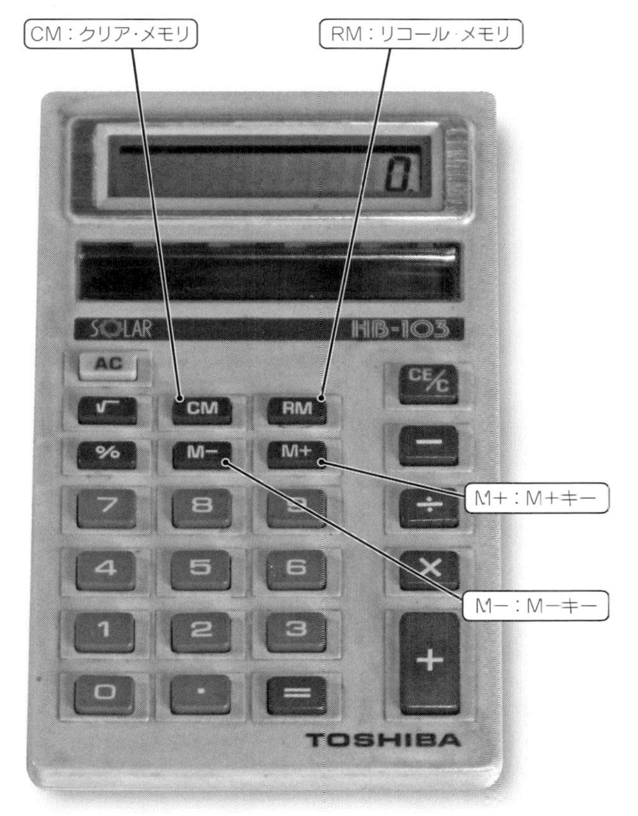

電卓を使った電子数取器

第11章 社会の中のデジタル化

いままで見てきたアナログやデジタルの世界は機器，回路，技術中心の話題ばかりでした．

この章では機器単品でなく，世の中の仕組みやシステムに的を絞って話題を拾ってみます．

思いつくままに列挙するだけで非常に多くの話題が出てきます．

お金周りのキーワードでは，銀行やコンビニにあるATM，これに使うキャッシュ・カードなどがあり，交通周りのキーワードでは，GPSやSUICA，PASMOなどがあります．

病院関連では，予約や診療費の支払い，お役所関連ではいろいろな手続きや登録，ネット納税，国勢調査等々が挙げられます．スーパーでの買い物のときにお世話になるバーコード，POSやインターネットを介しての通信販売，ニュース，情報，電子図書も大物です．文具としての電子辞書もあります．

政治，経済，文化，教育，科学，国土，国交など，どこに踏み込んでもデジタル化から無縁のものはないといってよいでしょう．

逆にアナログで頑張っているものは何かを探すほうが大変かもしれません．

絵画，彫刻，音曲，宗教，農業，漁業，林業，スポーツ，演芸，華道，茶道，…等々．

ここに挙げたものも，商売になればすぐお金周りのデジタルがからんできます．

戦争の破壊行為はデジタルではありませんが，サイバー攻撃などはデジタルを駆使したデジタルの闇の部分です．

カード

ATMやSUICAなど先に挙げた話題の中のかなりの部分を占めるものに，カードとインターネットがあります．まずカードの話から始めましょう．

ひと口にカードといっても磁気（ストライプ）カードやICカードがあり，目的によっても多くの種類があり，その呼び名も変わってきます．この辺のことを整理して知識を深めておきます．

磁気カードは1960年にIBMによって発明されたものですが次第にICカードに移行しつつありますので，これからはICカードを中心に考えればよろしいでしょう．

そのICカードには接触型と非接触型があり，それぞれ規格化されています．

身の回りのカードの歴史の中で無視できないものに「テレホンカード」があります．

これは磁気カード方式からスタートしましたが，その偽造対策として，1999年にICカード方式が導入され，ICカード式公衆電話も誕生しました．しかし，携帯電話の普及に伴う利用者の減少によってICテレホンカードとIC公衆電話の廃止が決まった経緯があります（2006年）．

デジタル放送に伴って導入されたカードは「B-CASカード」です．

これは第7章でも触れています（第7章の写真7-1）．

通信系のカードといえば，スマホなどに搭載されている「端末識別番号（IMEI）」を管理するカー

(a) キャッシュ・カード

(b) クレジット・カード

写真11-1　キャッシュ・カードとクレジット・カード

ドがあります．B-CASカードがなければデジタル・テレビ放送が視聴できないことと同様，このIMEIカードがなければスマホはただの粗大ごみになってしまいます．

スマホにはさらにmicro SDメモリーカードもあります．Micro Cardの名前のとおり，スマホに搭載するためには極力小さくする必要があり，見慣れたカードの約1/10以下のサイズになっています．

カードの需要を一気に広めたのはICクレジット・カードとICキャッシュ・カードです．両者の区別をひと言でいえば，前者はJCB，楽天，アメリカンエクスプレス，ダイナースクラブ，VISA，イオン，オリコ，マスターズ，三井住友VISA，…といった名前を列挙すれば改めて説明の必要はないと思われます．また後者はいろいろな銀行の手元窓口に相当する重要なカードです．

後者の銀行キャッシュ・カードには指の静脈による本人の認証や手のひら静脈による認証システムが取り入れられています．2004年から2010年前半頃までに相次いで銀行に導入されています(**写真11-1**)．単なるポイント・カードもありますが説明は省略します．

乗車券の機能を持つICカードは1998年から，非接触のシステムとして進められています．改札口を通るのですから非接触でなければなりませんよね．

例を**写真11-2**に示します．

写真11-2　パスモ(PASMO)

- JR東日本の「Suica」(スイカ)
- JR西日本の「ICOCA」(イコカ)
- JR東海の「TOICA」(トイカ)
- JR北海道の「Kitaca」(キタカ)
- KANSAI協議会の「Pitapa」(ピタパ)
- (株)パスモの「PASMO」(パスモ)

等々ここに挙げた分の3倍近くの会社がそれぞれのオリジナル・カードを採用しており，多くのものが相互乗り入れ(相互に利用可能)できるようになっています．

また路線バスにも利用可能のものが多くデジタルならではの利便性を誇っています．

交通系としてはETCカードもあります．ノンストップ通行料金支払いシステムです．このカードは料金を支払う都合上クレジット・カードが主体になっています(後払いもある)．

このシステムもデジタルの凄さを満喫できる素晴らしいシステムといえます．

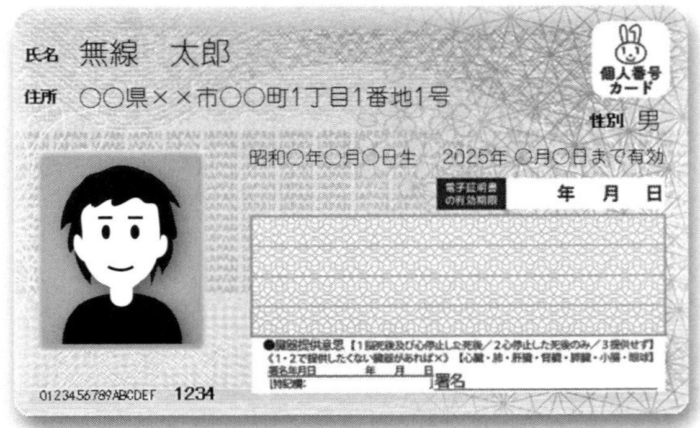

※個人情報保護のため，画面の一部を加工しています．

写真11-3 マイナンバー・カード

行政分野では，しばらく「住民基本台帳」のシステムが続きましたが，現在は「マイナンバー」の時代です．1億総背番号の時代です．

マイナンバーには，**写真11-3**のようなマイナンバー・カードが発行されます．

12桁の番号ですから1兆の数字を扱う巨大なシステムで，社会保障，税，健康保険などあらゆる行政のシステムが関わり合っています．

カードはデジタルを代表する成果にほかなりませんが，保管の方法やパスワードなどの使い方の上で細心の注意を払わなければ大変な結果を招くことになります．ある意味で恐ろしい携帯物ということになります．

インターネット

私たちにとってパソコンはもはや手放せない存在になっています．パソコンを何に使うかはいろいろあります．ニュースで社会の動きを知ること，仲間とのメールのやりとり，文章の作成，ど忘れした漢字を思い出すこと，ゲーム，家計簿，通信販売，音楽，動画へのアクセスなどで，多くの部分がインターネットを介しての作業になります．

パソコンでインターネットにアクセスしているときの画面で，尊敬する人や識者の意見を見て賛同したり感激したりすることがしばしばあります．パソコンのこのような使い方で自らをレベルアップすることはとても良いことです．

しかしパソコンによるインターネットの使い方で注意したいことがあります．

その筆頭が著作権の話ですが，それだけではなくインターネットに向き合う方法をしっかりとわきまえておくことが重要です．

順次それらを説明します．

著作権のはなし

デジタル化されたデータは，ダウンロードしても，コピーしても，保存しても劣化しません．元の品質を忠実に保つという素晴らしい長所があります．しかし「諸刃（もろは）の剣」という言葉があるように，このことがある意味でデジタルの泣き所でもあるのです．

ショップで購入したCDやDVDをデジタル・コピーしても，インターネットで配信された写真，動画，文書，プログラムなどダウンロードしても質は劣化せず，もとのデータと同じクローンができてしまうので，そのまま人に転売したり，これを使って新しい画像やプログラムを作って販売したりするとその行為は盗作にあたり著作権を侵害することになります．

もし音楽や画像をいったんアナログに変換すると，それを複写してもアナログの処理の段階で劣化するので，著作権には触れないかというとそう簡単な話でもありません．

よく聞く話しですが，大みそかの紅白歌合戦が翌日には中国や台湾でテープとして販売されているそうです．注意して見ていると，目の前を人の頭が通り過ぎる瞬間に出会うそうです．これは明らかにカメラで撮った作品で，もとの情景とは質的に異なるビデオですが，著作権を侵害していることには変わりありません．

デジタルのコピーやダウンロードは作品を苦労して制作した作者の売り上げを侵し，生活を脅かす深刻な問題です．

制作者側の権利を守るため，ディスクで提供される音楽，動画，プログラムなどのソフトにはコピーガードが施され鍵が掛けられるのが常識になっています．Microsoft社から提供されるOSのプログラムも，セキュリティの会社から提供されるアンチ・ウイルスのソフトも，プロダクト番号などで管理されています．

デジタル・テレビの録画は一度だけコピーOKという「コピーワンス」の扱いがとられています．それでもコピー防止の裏をかき，掛けられた鍵を解く方法を考え出す人たちが後を絶ちません．これもデジタルだからできる「痛し痒し」の話です．

電子書籍と電子辞書

著作権関連の話題ですが，デジタル・データを使った書籍が増えてきています．

紙の印刷物ではなく，文字，記号，写真，動画などをデジタル・データ化して有料で提供するものです．電子ファイルですから印刷，製本，流通などの費用がかからず省スペースになる便利な「書籍」です．ただしこのデータを読むための端末機が必要で，画面の見やすさ，長時間動作，価格などが課題となります．

自分のために書籍や雑誌をデジタル化して持ち歩くことも広まっています．これを「自炊」と呼んでいます．そのためのページの切断機等もキットとして販売されています．

かなり以前からある事例として電子辞書を思い出す人も多いことでしょう．

電子辞書（**写真11-4**）はカシオやシャープが先行していますが，メモリ量に相当の余裕があるため内容物（コンテンツ）が盛り沢山で，単一の辞書ではなく，国語系，英語系，健康，ビジネス，等々非常に広範囲の辞書群にしあがっています．デジタルゆえにこのような「百科事典」ができるのですが，もとの辞書発行社と電子辞書制作社との間に電子化することの権利問題が存在することも知っておきましょう．

デジタルはコピーしても，ダウンロードしても

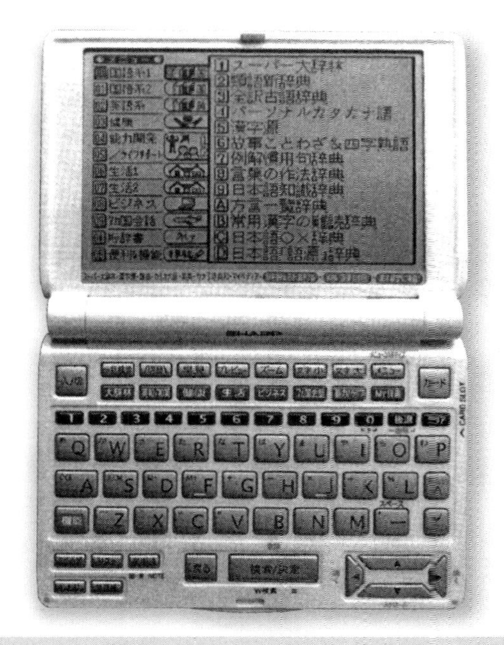

- 筆者が数年前に購入したシャープの電子辞書「Papyrus」で，現在もフル活用している．
- 141×107×16.4 のコンパクトな筐体の中に100のコンテンツが収められている．
- 通常の辞書のほかに健康，能力開発，脳を鍛えるプログラム，漢字検定や，英語のトレーニングなどがこの中に収まっている．
- これらは，既に書籍として販売されているものがベースになっている．
- 三省堂，角川，旺文社，学研，平凡社など多くの出版社が関係している．
- 著作権とともに，電子化権の課題をクリアする必要がある．

写真11-4　電子辞書の事例

劣化がないことは技術的にうれしいことですが，著作権や電子化権に複雑な課題があるともいえます．

デジタルの陰の側面・インターネット依存

良いことばかりもてはやされる優等生のデジタル君ですが，問題を抱えています．

第10章のスマホに関する記述で，電車の中での光景を「デジタル文化に自在に操られているさま」だと皮肉なことを言いましたが，何しろスマホやインターネットにはまり込んで，目の前にいる人との会話もスマホでやってしまうほどのはまりようです．

昼間もスマホ，夜もスマホ，で夜更かしばかりの小，中，高生や大人のはまり方は，ある種の病気としてお医者さんにお世話になる人も少なくありません．

スマホで何をやっているのかはさまざまですが，メールを含め，インターネットの世界をさまよって，ゲームにウツツを抜かす人もいるようで，医者からは「インターネット依存」という言葉で呼ばれています．あまりに深くはまり込んでしまうと，睡眠不足や考え方にも問題が起こるので．インターネット依存の人たちは，しばらくスマホを預け，集団で楽しく野原を散策するようなプログラムで，依存から抜け出すような治療を受けることが行われています．これを「デジタル・デトックス」と呼びます．

「デトックス」というのは「解毒（げどく）」すなわち体にたまった有害物質や老廃物を体外に排出・取り除くことを言います．

デジタルはもはや「毒」にされています．

これはデジタルが悪いというよりは，むしろはまるほどの魅力にあふれているのですが，その魅力ゆえにハドメがきかなくなってしまう現実に注意しなければなりません．

デジタルの陰の側面でしょう．

そういえば美味しいお酒も溺れると中毒になりますよねえ．

インターネットの怖さ・サイバー攻撃

インターネットはこの上なく便利なものですが，危険なものでもあります．

家庭でパソコンを操作してインターネットに接続しているとき，何かの操作がきっかけとなって第三者が侵入することがあるからです．

ひと昔前の侵入者は，画面に花火を演じたり大きな音量で叫んだりと，面白半分のものが多かったようですが，昨今の侵入者は画面や音声に何の変化も与えることなく，ひたすら個人のキャッシュ・カードの番号やパスワードを盗む陰険な行為に徹する傾向がうかがわれます．侵入された人が侵入に気づかず被害にあうことが増加しているようです．

空き巣の被害にあった人の体験として，家が荒らされた印象はなく，財布の中も現金を一部しか抜き取られず，減ったことに後で気が付き，家族を疑ったことがあるといいます．

「サイバー（Cyber）とはコンピュータ・ネットワークに関する」といった意味で，電脳とも訳されています．サイバー攻撃は特定のコンピュータ・システムなどに対して行われるデジタル的な攻撃で，データを不正に盗んだり，破壊したりする犯罪です．

攻撃は個人に限らず，企業に侵入して集積してある営業目的の個人情報を盗んだり，国家間で国の機密を盗んだり，破壊したりするイヤラシイ行為です．

効果を考えると，重要地域に砲弾を撃ち込むことに匹敵，またはそれ以上に狡猾な戦闘行為です．侵入者の姿が見えないだけに恐ろしい攻撃といえます．

これぞまさしくデジタル戦争です．デジタルだから便利，しかしデジタルだから怖いものです．

インターネットに向き合う態度

インターネットは非常に便利ですが，相手の顔が見えないことによる危険をはらんでいます．文字の読み書きだけで不特定多数の人と交信していて「出会い系サイト」でワナに引っかかる若い女性もいますし，投資や金儲けの甘い話に引っかかるおじさんもいます．

また，メールやいろいろなグループ対話のサイトは，小中高生の絶好のいじめのサイトにもなります．このようなサイトで自殺に追い込まれた若い命が少なくありません．

ある国で大学受験のとき模範解答を連絡させる「カンニング」行為が報じられたこともあります．端末の機械が小さくなるとこのようなこともあるのでしょうか.

インターネット上のデータは魅力的なものが多く，知らず知らずのうちに自分の作品にしてしまう行為が散見されます．いわゆる盗作とかパクリと呼ばれる行為です．著作権のある文章やデザインに対してまじめに向き合うことが大事です．著作権があると明記してない文章や絵についても，盗作，パクリはダメです．これは人間の品格の問題です.

インターネットにはWikipediaと呼ばれる辞書があります.

ちょっと調べるときにはとても便利な知識に溢れていますが，レポートにこのデータをまるごと転記して自分の意見にしてしまう安易な学生や新入社員もいるようです.

インターネットから有用な知識を得て自分の向上につなげることは是非やってほしいことですが，有用な知識を転記して自分の意見にしてしまうことはどうでしょうか.

転記した内容を質問されれば，おそらくきちんと説明できなくて，恥ずかしい思いをすることになるでしょう.

デジタルゆえに便利に得られる知識を大切に利用させていただく，この謙虚さがほしいものです.

Column 7 インターネットよもやま話

インターネットは世界規模のネットワークのことです．ネットワークというのは，放送網とか通信網と呼ばれる蜘蛛の巣状になった接続のことをいいます．そのネットワークには責任者はいません．接続している組織それぞれが自主管理することになっています.

当初は大学，研究機関，一部の企業などのメール交換が主体でしたが，接続コストが下がり，パソコンのOSがインターネットに対応するようになって普及が進みました.

また電話回線を使用したダイヤルアップ接続からブロードバンド接続に移行したことも普及を加速しました.

電子メールはインターネットに先立って開発されましたが，1960年～1980年代にわたって実験を繰り返す研究が行われてきました．1990年以降，携帯電話や，家電機器，ゲーム機などがインターネット端末機能を持つようになりました.

日本のインターネットは1984年，慶応義塾大学，東京工業大学，東京大学などが接続を達成することによって始まりとされているようです.

メールアドレスは，「ローカル部@ドメイン部」の形でなりたっています．ご自分のメールアドレスを重ねてみて再確認してみてください.

ドメインの種類によって交信相手の種類が分かります（大塚商会アルファメールなど）.

co.jp　株式会社，有限会社などの会社.
ac.jp　学校（ed.jpドメインを除く），大学，学校法人など.
go.jp　日本の政府機関，特殊法人.
ed.jp　保育所，幼稚園，小学校，中学校，高等学校，養護学校など.
or.jp　財団法人，社団法人などの法人，公的な国際機関.
jp　日本国籍を持つ個人，日本国登記を持つ企業など.
com　主にCommercial（企業）が対象. Companyのcomではない.
net　主にNetwork管理団体が対象.
org　主にOrganization（非営利団体）が対象.
biz　主にBusiness（商用）が対象.
info　主にInformation（情報通知）が対象
name　主に個人のドメイン名として使われる.

ドメインは有料で取得することができます.

なお「ne」はプロバイダです.

第12章 全体のダイジェスト・総集編

まえがきに述べましたが，この本を書くきっかけは「アナログとデジタルはどうちがうのか」という質問を受けたことから，少しばかり整理して解説してみようと思ったことからでした．質問が単純なものでしたから，解説もさらっとした読み物風にしあげる方向で取り掛かりました．しかし整理するのはそんなに簡単なものではなく，「どうちがうのか」に対しては理屈っぽい答えを出すことになります．

この章では各章でどんなことを取り上げたかを振り返ります．

この章を読むだけでこの本一冊分をまとめて読んだことにもなるよう要約します．

詳細についてはその章に立ち戻って見ていただきます．

なお，各章で使用した図，写真，表など代表的なものをこの章でも再度使って記憶を新しくしていただくことにしました．

アナログとデジタルの扉を開く
第1章

第1章は，三省堂の「カタカナ語辞典」がデジタルやアナログをどう解説しているかを紹介することから始まっています．これによればデジタルの機械が生まれる以前のものは，みな「アナログ」としています．例えばデジタル・カメラが普及する以前の銀塩カメラはアナログ・カメラだと一刀両断に切りこんでいます．

電子工学を専攻しアナログ回路の設計もしてきた筆者にとっては，銀塩カメラをアナログと呼ぶには少し違和感があります．電子工学に無縁の「写真機」をアナログ××と呼ぶのですからね．しかし，そういう分け方を定義するならそれでもいいかと妥協することにしました．

カメラのことはいったん棚に上げておいて，時計のことを話題にしました．

中身がデジタルとしか呼べないような電子機器でありながら，外観がレトロな時計をアナログ時

写真12-1　大きなノッポの最新式時計

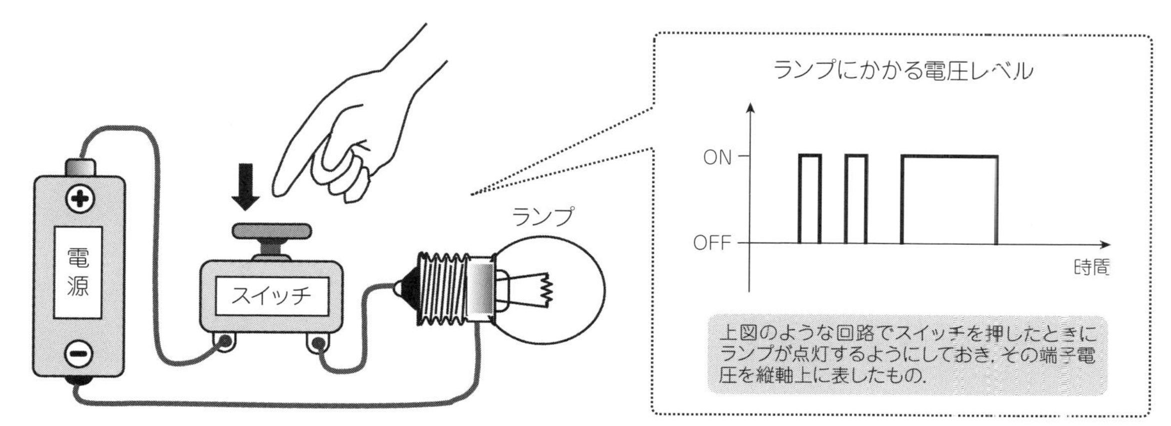

図12-1　代表的なデジタル信号

※この図は第2章の図4と同じものです．

計と呼ぶか，デジタル時計と呼ぶかで悩むことになりました（**写真12-1**）．

写真12-1のような時計を説明するときは，「この装置はアナログの顔をしているけれど中身はデジタルです」．と答えるのが適当だろうと思います．

また第1章では，第2章以降の展開に備えて，電子技術者の間で呼んでいる機器，回路，部品などをひと口解説しました．

デジタル信号はどのように利用されるか
第2章

LPレコードの歴史とステレオの原理を復習しました．そしてアナログ（電気）信号はレコードの音溝と同じような形でグニャグニャしていることを確認しました．

このアナログ信号に対して，デジタル信号というものはどのような姿をしているのかを紹介しました（**図12-1**）．電子回路の中のアナログ信号とデジタル信号の波形の違いは歴然としています．

この後，**図12-1**のようにONとOFFしかないデジタル信号がどのように使われるのかを説明するのに先立って，デジタルの信号には「コンピュータ型」と「CD型」の2通りの型があることも紹介しました．この2つの型は後続の章でも出てきます．

「コンピュータ型」も「CD型」も，**図12-1**のようなONとOFFだけの波形の組み合わせであることは同じですが，その使われ方が異なるのです．この分け方は筆者のオリジナルです．

コンピュータ型のデジタル回路は何をしているのか
第3章

「コンピュータ型」のデジタル回路では，その名のとおり論理計算や数値計算をやっています．論理計算というのは，AとBの（1か0という）2つの論理があるとき，「AおよびB」，「AまたはB」，「Aが1ならそれを0にする」，「Aが0ならそれを1にする」という論理を使い，デジタル回路の力を借りて「考え」を整理する「判断の計算」を言います．第3章の図3-2や表3-1に基本的な論理を説明してあります（p.84 **表12-1**）．

「山田さんは背丈が170cmある」という論理と，「中村さんは山田さんより背が高い」という論理があればこの2つの論理から「中村さんは170cmより背が高い」という新しい論理を導き出せます．これは非常に簡単な例ですが，このような思考を扱う学問を論理学と呼んでいます．この論理展開をデジタルの力を借りて解いていくのが論理計算

表12-1　基本的な論理，シンボル，論理式

論理回路の種類	ANDゲート A AND B	ORゲート A OR B	NOTゲート（インバータ） NOT A
シンボル	A B C	A B C	A C
論理式	$C = A \wedge B$	$C = A \vee B$	$C = \overline{A}$

※この表は第3章の表3-1と同じものです．

であり，「記号論理学」という学問にもなっています．

コンピュータ型のデジタル回路では論理計算のほかに数値計算もしています．

この方は日常使っている「計算」と思ってください．加減乗除や対数などの計算です．

デジタル回路の数値計算は2進法で行います．第3章ではその元となる2進法について解説しました．

デジタル化の魁（さきがけ）＝時計
第4章

時計をまな板にのせました．第4章では，はじめに「時間」の基準を復習しました．そもそも時計はどのような機能の組み合わせでできているのでしょうか．

図12-2はアナログもデジタルもひっくるめて時計の内部機能をまとめてあります．これを見ると，アナログ回路やデジタル回路が相互に助け合って時計を作りあげていることを実感できます．この時計の中身はアナログだとかデジタルだとか決めにくいようなコラボな協力体制を作り上げているものがかなりあります．

電気の力を使わないメカ式の時計にはいろいろな工夫がなされています．代表例として振り子を使う時計は，より正確な基準時間を作るために振り子の長さを微調整できるネジが付いています．メカ式の時計で，外面がデジタルなものもあります．「ぱたぱた時計」は，「デジタルの顔をしているけれど中身はアナログです」（第4章の図4-3）．

最近のレトロな「大きなノッポの古時計」は，外面はアナログ，内面はデジタルという複雑なものです（p.82 **写真12-1**）．

さてデジタル時計の代表は電波時計です．時計の使命は時刻表示の正確さですから電波時計の時刻表示にまさる装置はありません．中身がメカ式の時計でもかなり正確なものがありますが，デジタル式の正確さを追い越すことはできません．

家庭に入っている商用電源の周波数が，1日単位では正確無比なので，（同期）電動機を回転させてドラム式やぱたぱた式の表示器を駆動すれば電波時計並みの正確な時計が出来上がります．これは市販もされています．

この時計は，外面はもちろんデジタルですが，中身もすれすれでデジタルと呼んでもよいのかな，と思います．電子的なデジタル回路は使ってなく，かといって単なるメカ式でもない駆動方式ですが，電動機（モータ）が「同期式」なので，それをデジタルと呼ぶことにすればスッキリします．

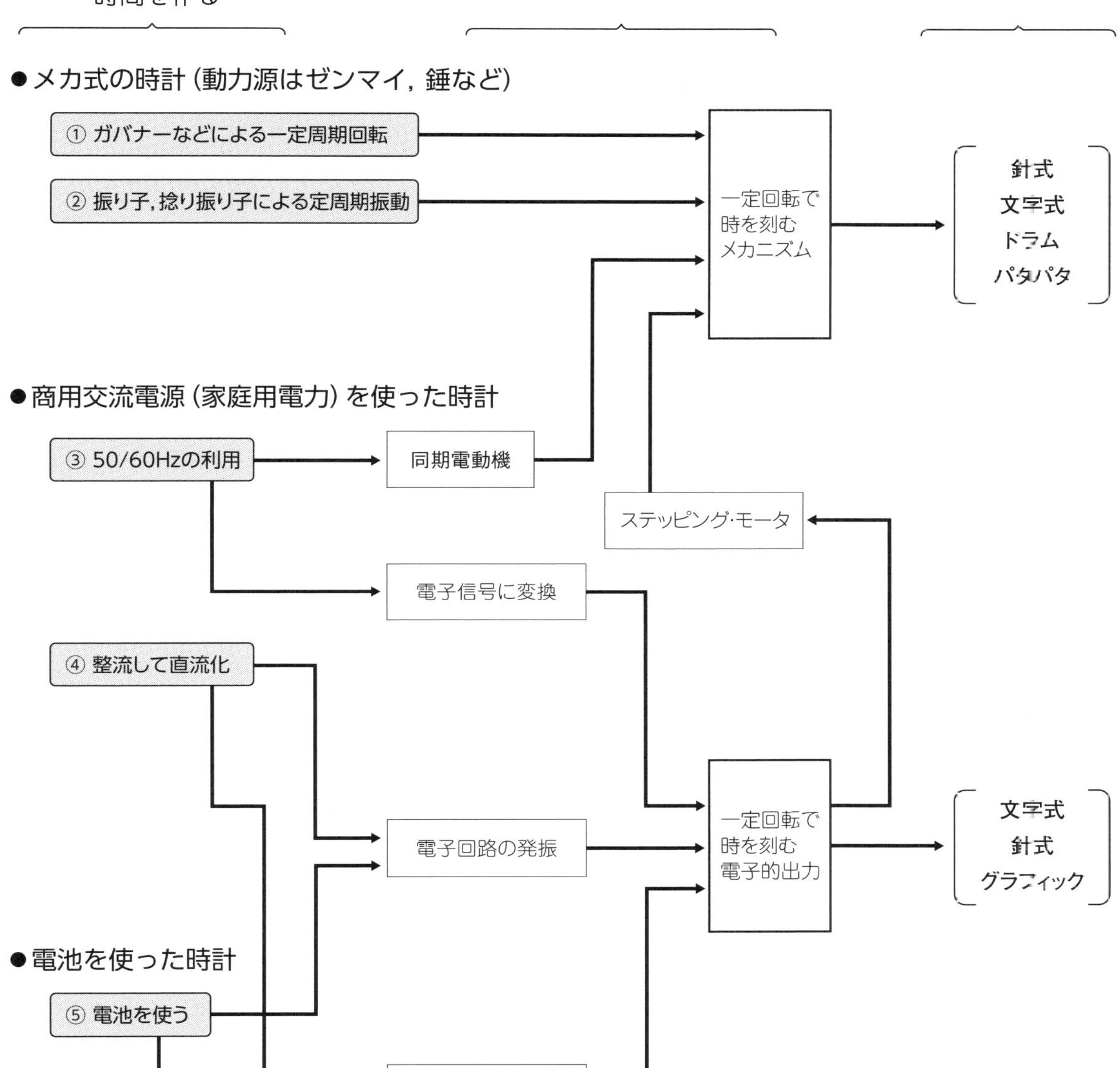

図12-2　時計の中のさまざまな機能（ブロック図）　※この図は第4章の図1と同じものです．

CDプレーヤー
第5章

CDプレーヤーの回路は，その名のとおり信号波形は**図12-1**に示したようなONとOFFとの繰り返しですが，論理計算や数値計算といった「コンピュータ型」のデジタルの信号の使われ方とはまるで異なります．

CDプレーヤーはLPレコードと違ってプラスチ

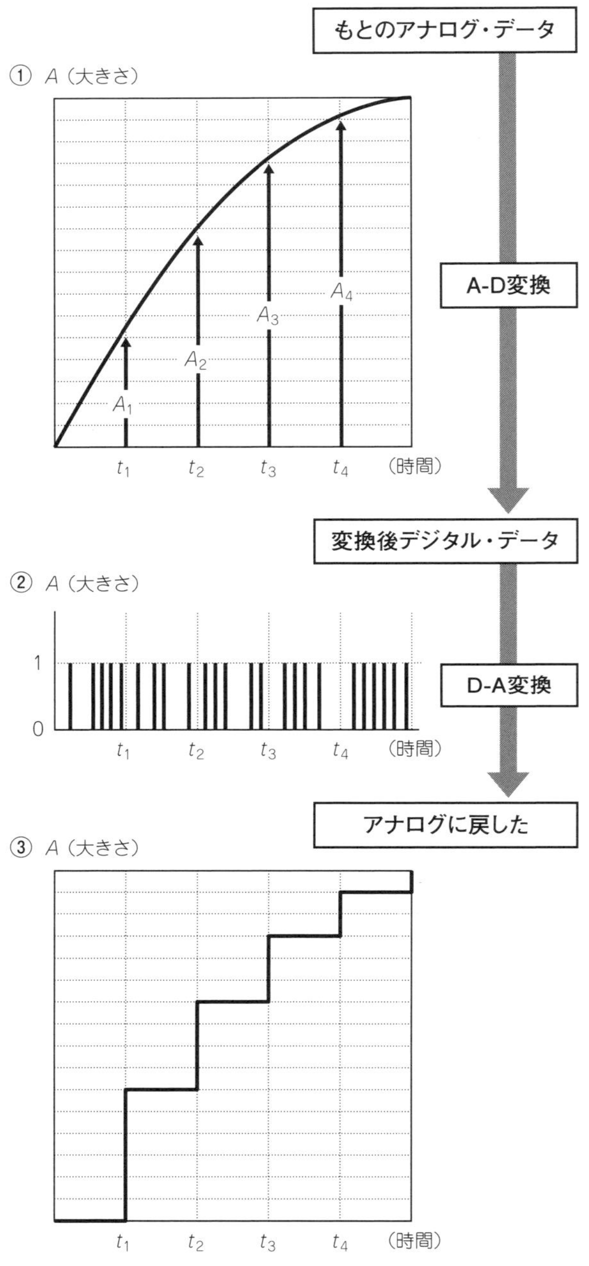

図12-3　アナログ → デジタル → アナログ
※この図は第5章の図3と同じものです.

ック（ポリカーボネート）の円盤上にONとOFFの信号に相当する凹凸をつけ，これを円盤の回転にしたがって半径方向に移動するレーザー・ピックアップで読み取る構造になっています（第5章の図5-1，図5-2）.

円盤上にある凹凸はCD型のデジタル・データで長さや間隔が刻まれています.

つまりアナログのデータをデジタルのデータに変換して刻むのですが，その方法はかなり複雑でこの章の要約としては書ききれません．肝心となる理屈を**図12-3**に示しておきましたので，詳細は第5章に戻って読み直していただきたいと思います．CDプレーヤーは顔も中身もデジタルです.

デジタル化したことによって素晴らしくなったことをかいつまんで述べますと，…

30cmのLPに対して12cmと小型化されたディスクに，74分もの記録ができ，楽曲の任意のところに移動できるランダム・アクセスが可能となり，しかも素晴らしい音質が得られ，コピーしても質の劣化がない，など良いことだらけです.

74分の記録というのは，ベートーベンの第九交響曲が1枚に収録できる長さです.

コンピュータ
第6章

その名のとおり第2章で分類した「コンピュータ型のデジタル回路」に属します．そろばん，計算尺，に始まる計算ツールの歴史を駆け抜けました（**写真12-2**）.

コンピュータの中での計算は2進法によるので，10進数を2進数に変換する方法，2進数を10進数に変換する方法，そして2進数による四則演算を実習しました.

コンピュータはまぎれもなく顔も中身もデジタルです.

デジタル・テレビ
第7章

デジタル・テレビは，テレビの信号そのものをデジタル化して処理するのでCD型のデジタル回路

写真12-2　そろばん（算盤）

で構成されています．もちろん顔も中身もデジタルです．

テレビはデジタル化することによって素晴らしい発展を遂げました．これぞデジタルというメリットずくめの産物です．

第7章の中で紹介した規格はてごわい項目ばかりですが，将来参考にする可能性に備えて説明未消化のまま示すことにしました．

変調方式，パケットなどという技術の中身を垣間見（かいまみ）ました．

地デジの凄いところを振り返ってみます．

まず使用する電波の周波数チャネルを返上してスリムになった上に（**表12-2**），ゴーストのないハイビジョン級の画質を生み出したこと，画像も劣化がなく，電子番組の提供やデータ放送も行うなど良いことばかりです．その一部を使ってワン・セグを提供するのも心憎いまでに凄いデジタル化の産物です．

デジタル・カメラ
第8章

デジタル・カメラは，顔はアナログで中身はデジタルです．お店のウインドウの中に飾ってあったら（アナログの）銀塩フイルム・カメラかデジタル・カメラか区別ができません．ですから顔はアナログとしました．

テレビがデジタル化して素晴らしく成長したのに似て，カメラもデジタル化することによって大きく発展しています．

表12-2　デジタル化されたテレビの使用周波数

● アナログ・テレビ放送

VHF				UHF	
LOWバンド		HIGHバンド			
ch	周波数（MHz）	ch	周波数（MHz）	ch	周波数（MHz）
1	90～96	4	170～176	13	470～476
－	～	－	～	－	～
3	102～108	12	216～222	62	764～770

● アナログ・テレビ放送

UHF	
ch	周波数（MHz）
13	470～476
－	～
52	704～710

※この表は第7章の表7-2と同じものです．

デジタル・カメラは，画面をモニタしながら撮れる便利さをはじめとし，いろいろな設定ができることは，アナログ・カメラ（銀塩カメラ）の比ではありません．

例えばISO感度の設定ですが，従来の銀塩カメラではフイルムを使い分けるしかないのです．

何よりも便利なのは，撮影したデータの運び屋がフイルムではなく，電子部品の撮像素子であることです．これにより従来の，撮影後のフイルム

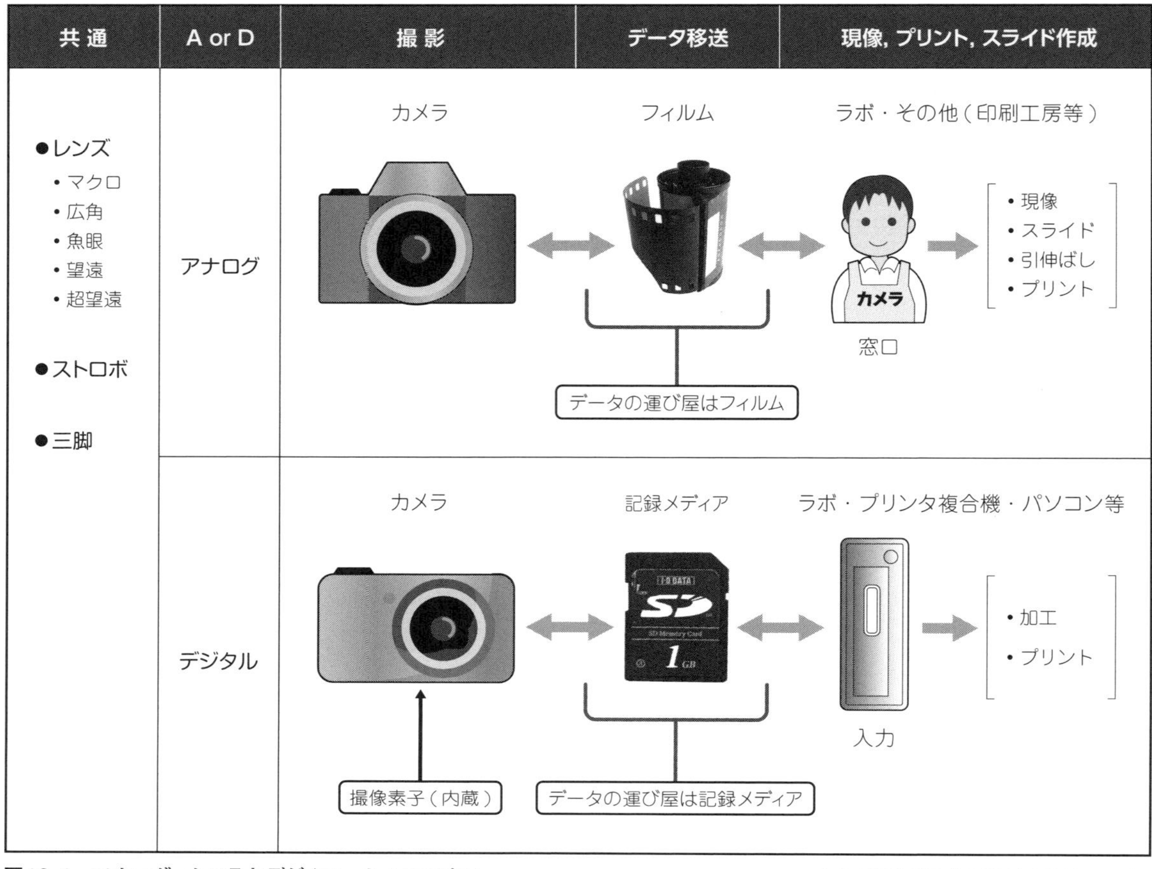

図12-4　アナログ・カメラとデジタル・カメラの違い　※この図は第8章の図2と同じものです.

をラボに預けて現像とプリントを(お金を払って)注文するというアナログ型の流通から解放されたことです(**図12-4**).

ところで銀塩フイルム・カメラは第1章によればアナログ・カメラということになっています. 従来のカメラは顔も中身もアナログなんですねえ.

デジタル・マルチメータ
第9章

少しマニアックなテーマを選びました. 読者の中には電気や電子のビギナー, あるいは科学好きな小, 中, 高生が大勢おられることと思います. そういう人向けにデジタル・マルチメータを話題にしました.

デジタルの装置を知る前に, アナログ・テスタの基本的な使い方や測定原理をひととおり復習しました. アナログのことを深く知ることは結構役に立つと思いますよ.

さてデジタル・マルチメータは文句なしに「顔も中身もデジタル」です.

もしアナログ・テスタで表示のみがデジタル表示器を使用しているものがあれば,「顔はデジタルで中身はアナログです」と説明することになりそうです.

デジタル・マルチメータの構成はいたって簡単です. 入力の電圧をアナログで処理加工し, アナログ→デジタル変換(A-D変換)をし, このデジタ

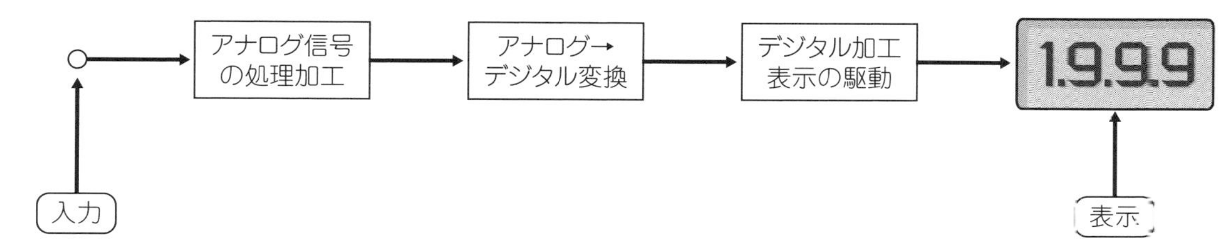

図12-5 デジタル・マルチメータのブロック構成

ル・データをデジタルで加工してデジタル表示する手順になっています(**図12-5**).

この中で入口にあるアナログ回路はメータの中で重要な役割を果たしています．決して初めから終わりまでデジタル回路で構成されているものではありません.

デジタル機器といってもアナログ回路の協力なしにはできないことを理解しておきましょう.

まだまだいるぞ デジタルの猛者(もさ)達
第10章

第10章は「落穂ひろい」のような章です．スマホ(**写真12-3**)，歩数計，重量計，距離計，ラジオ，ICレコーダなどデジタルが生かされるところを紹介しています.

特にスマホは，各章で扱ったいろいろな機器を全て併せ持つような，もの凄ーいデジタル機器です．その他の機器もデジタルを活かした身近な装置ですが，特にその中で「デジタル××計」という計測のツールは，基本的に，センサと呼ばれる部品とデジタル・マルチメータとを組み合わせて構成されるものです.

もの凄いデジタル機器だと紹介したスマホと従来の携帯電話を較べてそのもの凄さを実感してみましょう.

スマホには，電話機能はもちろん，時計，電子メール，インターネット，テレビ視聴，カメラ機能，音楽，動画，ムービー，電子辞書，音声認識，ゲーム，お財布機能などテンコ盛りのメニューが盛り込まれています．とにかく「何でもあり」です.

写真12-3 一般的なスマートフォン

もともと電話は電話番号を選択することから始まるので，デジタルを利用した機器ではあるのですが，その昔のトランシーバと比較すると文字通り隔世の感があります．なにしろ会話をするだけの装置でしたから.

スマホ以外の機器，例えばラジオやレコーダを見ても，デジタル化によってアナログ時代には考えられなかった無限の機能と素晴らしい性能を提供してくれていることが分かります．デジタル化は機能を増やし性能を高めてくれるのです.

12

(a) キャッシュ・カード

(b) クレジット・カード

写真12-4　キャッシュ・カードとクレジット・カード

社会の中のデジタル化
第11章

デジタル化は，装置（ハードウェア）以外でも進んでいます．

社会の中の習慣（ソフトウェア）のデジタル化を展開しますが，標的をカードとインターネットに絞りました．カードはひところの磁気カードからICカードに移行しつつあります．ICカードは何を記憶し何を処理するかで多くの種類があります．

ICクレジット・カード，銀行などのICキャッシュ・カード，交通系のスイカやパスモ，ETCカード等々生活を便利にするカードが続々です（p.90 **写真12-4**）．

カードは便利な反面，保管の方法やパスワードの使い方で細心の注意を払う必要があります．

インターネットも生活を便利にする素晴らしいツールです．最新の注意を払う必要があるのはカードと同様ですが，インターネットの場合はさらに「侵入者」に対する防衛にも注意する必要があります．

さてインターネットで得た情報は非常に有用なものですが，デジタルであるがゆえに，この映像や文章はコピーしても劣化しません．コピーして自分の作品にしてしまうことも可能です．しかしそこにはおのずと節度が求められます．

コピーした映像や文章を断りなしに自分の作品として発表したり，営業活動などに使用したりすると，盗作いわゆるパクリという恥ずかしい行為となってしまいます．

著作権にも抵触しないよう気を付ける必要があります．

もう1つ，本当に気を付けてほしいことがあります．インターネットはとても便利な環境なので，ついついはまり込んでしまいがちです．

スマホでゲームにウツツを抜かし過ぎると心身に悪影響を受けてしまいます．

これを「インターネット依存」と呼び，医学的な治療を要する悲しいことになってしまいます．この治療を「デトックス」といいます．「解毒（げどく）」のことです．くれぐれも注意しましょう．

サイバー攻撃とともにインターネット依存は社会のデジタル化の負の一面です．

Column ⑧ バーコードを垣間見る

スーパーなどでお世話になっているバーコード（barcode）について垣間見ることにします．これぞデジタルと呼べるシステムです．

バーコードは，太さの異なる直線が縞模様状に配列されており，約束事によって数字などの組み合わせ情報を読み取るようになっている「判じ物」です．

おなじみの商品に表示されているバーコードについていうと，日本の場合，JANコードと呼ばれるもので，その商品の供給責任者とその商品の識別情報を表すものです．

JANコードにはバーコードの線の太さや配列を数字で表したものも多く，この数字を読むことでも「判じ物」を判じる最初が始まります．

もちろんバーコード・リーダ（スキャナ）が解読する最初の第一歩です．

バーコードの冒頭には統一商品コードとして国番号2～3桁が割り当てられており（日本は2桁），13桁システムの場合は，メーカーコード（5 or 7桁），商品コード（3 or 1桁），チェック桁（1桁）が続いています．8桁システムの場合は，国番号のあとに，メーカーコード（4桁），商品コード（1桁），チェック桁（1桁）が続きます．

手元に数字を併記したバーコードのついた伝票や商品があったら見てほしいのですが，冒頭に「49」とか「45」が記載されていたら，それは日本の国コードです．日本の商社や事業者の扱う商品だということです．筆者の手元にあるボタン電池のパッケージには「489」という番号が振られていました．これは香港のコードです．

ちなみに主な他の国はどうなっているでしょうか．USA，カナダ（10～13），ドイツ（40～43，440），台湾（471），イギリス（50），中国（69），メキシコ（750）などがあります．朝鮮民主主義人民共和国（867）もあります．

冒頭に振られる数字列で，「02」，「04」とか「20」～「29」と言うものもありますが，これは商店や団体が任意に付与できる番号で，インストア・コードと呼ばれ，また書籍用として「978」～「979」，定期刊行物として「977」が割り当てられています．

いままで述べてきたような約束事は，WPC（World Product Code）と呼ばれるコード体系に属し，国際標準化機関（GSI）に加盟する流通システム開発センターが事業者からの申請を受けて事業者に貸与することで管理されています．

バーコードの始まりは1970年代のアメリカからですが，近年活躍しているQRコードは日本の国産方式です（デンソーウェーブ）．二次元コードですから非常に多くの情報量が確保できます．

バーコードの読み方や，機材について紹介したインターネットの記事も多くありますが，題名にあるような「垣間見る」という範囲をかなり破りそうなので，この程度にとどめておきます．

結び

本文中では，装置がアナログかデジタルかといった呼び方の議論もしましたが，ここでは全体を締めくくるにあたって「なぜデジタル化するのか」と「デジタル化はどうやって達成されたか」という核心を突くテーマに結論を出して締めくくることにします．

• なぜデジタル化するのか

結論から言います．それはデジタル化した方が機能と性能が向上するからです．

デジタルにはアナログでできないことをやれる実力があります．その事例は本文の中で十分に述べ尽くされているでしょう．

デジタル化にはお金もかかります．しかしその費用を上回る成果が得られるのです．

断っておきますが，アナログの世界で機能，性能とも十分というものをデジタル化しても効果は得られないでしょう．

このようにデジタルの賛美ばかりするとアナログの立場はなくなってしまいそうですが，デジタル装置の中には重要な機能を受け持つ（OPアンプなどの）アナログ増幅部が縁の下の力持ちになっていることを忘れないでください．

• デジタル化はどうやって達成されたか

製品のデジタル化には克服しなければならない幾つかの要素がありますが，中でも決定的に開発の歩みを左右しているものが半導体です．第5章の図5-3で見たように，極めて短い時間の中でさらに細かい間隔でデータを細分化することを半導体に要求するのです．半導体のLSIが巨大化しないよう微細化する必要がありますし，より短い時間の中で動作するための高速化を達成しなければなりません．

デジタル化は，半導体の世界の血のにじむような微細化，高速化への努力なしには語れません．デジタル化と半導体の微細化と高速化は車の両輪の関係でした．

また，例えばCDプレーヤーにはレーザー光を使用した光ピックアップが採用されていますが，CDの盤（ディスク）の音溝に相当するトラックからピックアップが離脱しないようにサーボ機能を持たせる必要があり，焦点をコントロールするためのサーボも要求されます．これは半導体とは別のメカの微細化です．半導体の微細化，高速化と並行してクリアしなければならないメカニズムの進歩が同時進行の形で進められた結果がCDプレーヤーだったわけです．この開発にもパーツ・メーカー各社が血のにじむ努力をし，お互いしのぎを削って達成してきた歴史があります．

デジタル化の実現にはもう1つの重要なステップがあります．それは「規格化」です．

そもそも製品やシステムの開発には，多くのメーカーや研究部門がしのぎを削って業界のトップを目指して努力しています．新しい理論や新しい素材を開発しながら製品化を目指しているのです．そして新製品の発表にたどり着いたとき，その方式を業界の新基準にするよう他社に声をかけて「標準化・規格化」を働きかけます．似たような方式を手がけていた会社は一部に自社の方式を盛り込むよう提案します．このような試行錯誤を経て各社が同じ技術基準で製品化に入るのです．この作業がもう1つの重要なステップです．こうして製品化にたどり着いた製品には，CDプレーヤーやDVDプレーヤーがあります（ひとこと補足．DVDはDigital Versatile Discです．VはVideoではありません．Versatileは「多用途な」という意味です．これは規格化の過程で明確にされています）．

もう昔の話になってしまいましたが，ビデオ・テープ・レコーダの標準化がまとまらなくてVHS方式とβ（ベータ）方式が並立してしまった残念な過去があります．

良いことずくめのデジタルなのになぜもっと早くから製品化が始まらなかったのでしょうか．その答えは半導体をはじめとする重要パーツの開発・性能向上に大変な時間を要したことです．規格化にもハンパじゃない時間が費やされました．

今日のデジタル技術は宇宙開発にも生かされています．

ますます発展してどんなすごいことが生まれるのか楽しみがいっぱいです．

参考文献

- コンサイス　カタカナ語辞典（第4版）　三省堂.
- テスタとデジタルマルチメータの使い方　CQ出版社，金沢敏保・藤原章雄共著.
- 楽しく学ぶアナログ基本回路　CQ出版社，吉本猛夫著.
- HAM　NOTE　BOOK　2017，CQ出版社.
- デジタル一眼カメラのすべてがわかる本　ナツメ社，神崎洋治監修.
- ディジタルオーディオの謎を解く　講談社ブルーバックス，天外伺郎著.
- 現代エレクトロニクス常識中の常識　CQ出版社，高木誠利著.
- センサ活用141に実践ノウハウ　CQ出版社，松井邦彦著.
- 電気の雑学事典　日本実業出版社，涌井良幸・貞美共著.
- 地デジTVの裏側　実業之日本社，保岡裕之共著.
- 携帯電話はなぜつながるのか　日経BP社，中嶋信生・有田武美・樋口健一共著.
- データ通信のはなし　日刊工業新聞社，斎藤雄一著.
- 移動体通信のはなし　日刊工業新聞社，前田隆正・林 昭彦共著.
- ディジタルICの基礎　東京電機大学出版局，白土義男著.
- ディジタル回路の考え方読み方　東京電機大学出版局，大浜庄司著.

索　引

● 吉本 猛夫（よしもと たけお）
JR1XEV　第1級アマチュア無線技士

筆者は，アナログからデジタルの世界を駆け抜け，「アナログ VS デジタルの語り部」を自認するものです．

筆者は北九州生まれ．中学生のころから鉱石ラジオ・真空管式ラジオと，ラジオ作りにうつつを抜かし，学生時代は電子工学を学んで東芝に就職しました．職場は音響機器を設計するところで，手始めはラジオでした．次第に守備範囲が広がり，もっと広範囲の音響機器用のICを開発するところを担当することになりました．

世の中は高級オーディオの熾烈な競争時代で，パイオニア，テクニクス，ローディ，オーレックス，などメーカー・ブランド以外の「Hi-Fiブランド」が並びたちました．

その中で，TTLのICを約100個も使い，国内初のデジタル・シンセサイザ・チューナを開発するなど，思い出に残るデジタル機器の誕生を経験しました．

Hi-Fiつながりで，CDプレーヤの1号機の開発に携わり，さらにその発展形であるCD-ROMに転進，そのまた発展形のDVD-ROMの世界に入りました．筆者自身はもっぱら業界（メーカー間）の標準化メンバーとして風土の異なる企業と交流し，デジタル世界の誕生となる決め事作りに貢献しました．

このような体験で，オーディオからデジタル機器への変遷を体験した筆者は冒頭に述べた「アナログ VS デジタルの語り部」になり得るだろうと自認しているところです．

筆者はハム（アマチュア無線家）です．無線を趣味にしていますが，もっぱら工作ハムで，無線機や測定器を自作したり，新しい回路でのモノ作りを楽しんでいます．

多趣味で，音楽の鑑賞，落語を聞くこと，古典的な（?）機械の蒐集や修復，似顔絵，駄洒落等々が関連分野に入っています．

主としてCQ出版社扱いですが幾つか著書があります．「楽しく学ぶアナログ基本回路」は今回の著書の参考にもしていただけると思います．その他「初心者のための電子工学入門」，「基礎から学ぶアンテナ入門」，「作って楽しむDIY工作ノウハウ」，またちょっと変わった「生体と電磁波」などがあります．

本書とともにご愛読いただければ幸いです．

アナログとデジタルの違いがわかる本

2017年9月15日　初版発行

著　者　吉本 猛夫
発行人　小澤 拓治
発行所　CQ出版株式会社
〒112-8619　東京都文京区千石4-29-14
電話　編集 03-5395-2149
販売 03-5395-2141
振替　00100-7-10665

乱丁，落丁本はお取り替えします
定価はカバーに表示してあります

ISBN978-4-7898-1567-3
Printed in Japan

編集担当者　櫻田洋一
デザイン・DTP　近藤企画
印刷・製本　三晃印刷（株）